U0293238

跟环境科学博士寻宝潮间带

刘 毅 著

科学普及出版社
·北 京·

图书在版编目（CIP）数据

Hi！赶海去：跟环境科学博士寻宝潮间带 / 刘毅著 .
— 北京：科学普及出版社，2019.12（2022.5 重印）
（青年科学家趣谈科学）
ISBN 978-7-110-10010-3

Ⅰ. ① H… Ⅱ. ①刘… Ⅲ. ①海洋生物 - 青少年读物
Ⅳ. ① Q178.53-49

中国版本图书馆 CIP 数据核字（2019）第 225631 号

总 策 划 《知识就是力量》杂志社
策划编辑 郭 晶 何郑燕
责任编辑 李银慧
封面设计 张小穗
正文设计 张小穗
封面插图 杨 焱
责任校对 邓雪梅
责任印制 徐 飞

出 版 科学普及出版社
发 行 中国科学技术出版社有限公司发行部
地 址 北京市海淀区中关村南大街 16 号
邮 编 100081
发行电话 010-62173865
传 真 010-62173081
网 址 http://www.cspbooks.com.cn

开 本 720mm×1000mm 1/16
字 数 225 千字
印 张 10.25
版 次 2019 年 12 月第 1 版
印 次 2022 年 5 月第 2 次印刷
印 刷 北京利丰雅高长城印刷有限公司
书 号 ISBN 978-7-110-10010-3/Q·245
定 价 45.00 元

目 录

第一章
潮间带生境

红树林和
泥滩潮间带：
看，动植物乐园

玉蕊

红树林[①]分布于底质为淤泥质或泥沙质的泥滩潮间带[②]。在潮上带[③]，是半红树植物的乐园。

高大的银叶树古树群落伫立着，它们有典型的板状根，树干高大挺拔，足有一人高，树冠上挂满了棕色的成熟果实，光滑的蛋形外壳搭配居中的纵脊，好似一个个奥特曼。

清晨，露珠尚未散去，玉蕊的树枝上挂满了一串串盛放的花，远远望去，宛如豪华版的圣诞树，粉红色的似星星般的花串，一闪一闪的，非常耀眼。

旁边是几株海檬果，大部分枝条已经挂起了累累硕果，偶有几支枝条上还残留着零星的几朵白色的花。它的果实看起来像小型的杧果，大部分尚未成熟，果皮是绿色的，也有少数已经变成暗红色，就要熟透了，让人垂涎欲滴。但一定要记住，海檬果的果实虽像杧果，但并非杧果，含有剧

①红树林：指生长在热带、亚热带海岸潮间带的木本植物群落。

②潮间带：指平均最高潮位和最低潮位间的海岸，也就是从海水涨至最高时所淹没的地方开始至潮水退到最低时露出水面的范围。

③潮上带：指位于平均高潮线与最大涨潮线之间的区域。

毒，人若误食一颗估计就起不来了。

到了高潮带[①]，就是红树林的天下，大多数真红树植物分布在这里。在相对空旷的区域，一丛丛卤蕨[②]夹杂着老鼠簕生长，老鼠簕长着锯齿状立体弯折的叶片，正盛开着白中透紫的花朵。珍稀的红榄李紧跟着出现，现在也正是它的花期，树冠上点缀着一小丛一小丛红色的小花，煞是漂亮。

秋茄

在这里，秋茄和红海榄是建群种（优势种中的最优势者），植株多、分布广。秋茄的树上挂满了一根根胚轴，像极了日常的文具——笔，难怪有人称其为“水笔仔”。

红海榄很好辨认，它们长着强壮的支柱根，这些根从地面上树干靠近基部的位置长出来，扎进土里，形成一个庞大的根系，支撑着植株抵御海浪和风暴潮的侵袭。再往外是桐花树，它们的树皮偏黑，又被称为“黑榄”，此时，桐花树正开着一丛丛白色的小花，诱人的花蜜引来了勤劳的小蜜蜂。

红树拟蟹守螺分泌出黏液将自己粘在树干上，并将壳口封闭，减少水分散失

秋茄、红海榄和桐花树的树上，都能找到斑肋拟滨螺和黑口拟滨螺。它们喜欢爬树，与黑口拟滨螺相比，斑肋拟滨螺通常个体更大，储存的能量也更多，因而也比黑口拟滨螺爬得高。

斑肋拟滨螺外唇常向外翻卷，也被称为“翻唇滨螺”，而黑口拟滨螺内唇常像涂了黑色唇膏。天气炎热时，一等潮水退去，滨螺就会分泌黏液用口盖封住壳口，将自己粘在枝条上，减少水分散失，等到环境适宜时，再出门活动。

树干上常常爬满了红树拟蟹守螺。仔细观

①高潮带：它位于潮间带的最上部，上界为大潮高潮线，下界是小潮高潮线。它被海水淹没的时间很短，只有在大潮时才被海水淹没。

②卤蕨：卤蕨科、卤蕨属多年生草本植物。常生长于海岸边泥滩或河岸边或溪边浅水中，或潮湿处。

察，发现也有一些紫游螺附着在上面，它们有时将表面裹满泥巴，将自己与环境融为一体。树干上最特别的住户是难解不等蛤，这种外壳呈古铜色的双壳类动物利用肌肉通过一片壳上的圆孔附着在树干上，它的外形多变，可根据附着处的形状随意改变。

一些双齿拟相手蟹还在树上，它们是爬树能手，通常在涨潮时爬到树上，而另一些双齿拟相手蟹已经在滩涂上找到了它们的美食——落叶，它们正聚精会神地用两只小钳子轮流撕扯树叶送进自己嘴里。树根边，常常能看到凸起的"小山包"，这些是埋栖的红树蚬，将红树蚬挖出后，再往下挖，就能找到弓形革囊星虫，它们喜欢聚集在根系附近，这是闽南著名小吃土笋冻的原料。一些支柱根上攀附着好几个米氏耳螺，这是全世界最大的耳螺种类，深受两千年前西汉南越王的喜爱。旁边的落叶堆中，许多中国耳螺正缓慢爬行。

林内有一条潮沟，潮沟的边上，弧边招潮和北方招潮都出来活动了。雄性招潮蟹有着一只巨型的螯足和一只迷你的螯足，迷你螯足是吃饭的筷子，而巨型螯足则是打架和吸引雌蟹的工具。它们常常挥舞着大螯，好像在召唤潮水。

弧边招潮

除此以外，潮沟边还有小型的角眼切腹蟹，它们高高竖起一对角眼，一会儿埋头吃饭，一会儿又突然挥舞起大螯，这有规律的弧形动作，极像拜佛的动作，因此也被称为角眼拜佛蟹。

再往外到了中潮带[①]，一些白骨壤在这里生长。它们分布在红树林的最外围，是先锋树种，植株周围长满了密密麻麻的指状呼吸根。这里的淹水时间较高潮带长，因此也吸引了不少牡蛎、藤

①中潮带：它占潮间带的大部分，上界为小潮高潮线，下界是小潮低潮线，是典型的潮间带地区。

壶在白骨壤上定居。

它们靠近基部的树干和枝条上密密麻麻地覆盖着团聚牡蛎、白条地藤壶和红树纹藤壶，缝隙中附着有成串的黑荞麦蛤，许多细枝条不堪重负，被压弯并垂到地面。

细小的粗糙拟滨螺游走于牡蛎壳和藤壶间。一些指状呼吸根上爬着沟纹笋光螺和黑线蜑螺，基部则住着单齿螺。在林内偶尔能看到橄榄形的大洞口，里面很可能住着拟曼赛因青蟹。

石磺的背面

穿过白骨壤群落再往海里走，就是广阔的光滩。滩涂表面布满了珠带拟蟹守螺和纵带滩栖螺，它们是这里的优势种，密度非常高。一些瘤背石磺也来凑热闹，它们忙着刮食滩涂表层的有机碎屑和腐殖质，但它们是直肠子，一边走一边吃一边拉，排遗物暴露了自己完整的运动轨迹。

短脊鼓虾躲在泥里，时不时发出“啪！啪！啪！”的声响，但长足长方蟹对这声音习以为常，早已免疫了，它们仍然慢条斯理地享受着美味。

石磺的腹面

继续往外走，便是低潮带的光滩。泥蚶和海豆芽在淤泥里钻洞，这是它们喜欢的安全环境。大量的泥螺在滩涂上爬行，它们的壳薄而半透明，腹足硕大。

红色的绯拟沼螺喜欢集群在滩涂表面活动，如果仔细寻找，也能在附近找到一个个小洞口，那是它们的家。除了泥螺和绯拟沼螺，斑玉螺也是这里的常客，它们通常在退潮后到滩涂上觅食，有时候到长满贝克喜盐草的海草床里换换口味。滩涂上有时能看到一条条“川”字形的爬痕，那是中国鲎留下的线索，只要顺着“川”字痕找到头，总能发现巧妙埋藏在淤泥里的小小的中国鲎。

大弹涂鱼是滩涂上的“吸尘器”，它们的马力全靠将嘴贴在滩面上，不停地左右摇头，刮食表面的食物。每隔一段时间，它们都要就近到积水的水洼里打个滚，润湿皮肤，再继续“摇头晃脑”。一旦蟹类或者其他弹涂鱼进入警戒范围，它们就毫不犹疑地鼓起腮帮子，高耸背鳍，跳跃着驱赶入侵者。

一大群蓝斑背肛海兔正在“拉火车”，这是雌雄同体、异体受精的它们的特殊交配方式，而旁边的一些突起的物体上，已经留下了好几坨“粉丝”，这些是海兔的卵囊群，也被称为“海粉”。

低潮线附近，搁浅了一只死鱼，散发着不可名状的味道。有些动物对这种味道深恶痛绝，但对织纹螺来说，这鱼却是无与伦比的美味。大量的秀丽织纹螺和胆形织纹螺正循着味道从四面八方快速地向死鱼靠拢。

大弹涂鱼体侧和头部散布着亮蓝色的斑点，并有着异常张扬的背鳍

沙滩潮间带：螺、蟹、星虫登台亮相

潮上带，是陆地与潮间带的交界处，这里分布了大量的仙人掌。这种仙人掌最高不过1米，在中国南方的沿海、岛屿地区广泛分布，包括台湾岛、澎湖列岛等地。澎湖列岛上著名的仙人掌冰就是用这种仙人掌的果肉制作的。

高潮带上部的沙滩上，分布了许多的老鼠艻和大面积的厚藤（马鞍藤）。老鼠艻的果实像一个个长满刺的铁球，海风拂过，"铁球"四处滚动，将老鼠艻的领地不断扩大；厚藤在沙滩上匍匐生长，恰似给沙滩铺了一块天然的地毯，装饰着无数的绿色马鞍和紫色的喇叭花。

厚藤，也叫马鞍藤

厚藤的花

高潮带到中潮带，常常有一个个深不见底的洞，洞口直径约4厘米，有些洞口更大，直径甚至可以达到10厘米，这些都是沙蟹的洞。小些的洞里住着中华沙蟹，大些的洞里住着角眼沙蟹，顾名思义，它的眼球上端各多了一根尖尖的天线。沙蟹是沙滩上的百米冠军，爬行速度飞快，简直就是沙滩上的尤塞恩·博尔特（奥运会短跑冠军，男子100米、200米世界纪录保持者）。

沙滩的表面，有许多大小一致的小沙球装饰成的“花朵”。仔细观察，“花朵”的中心都有一个小圆洞，原来这些“花朵”是圆球股窗蟹的杰作。它用两个小钳子将表面的沙子挖到嘴里，过滤可食用的有机碎屑和微型生物，并把沙子吐出来团成球，放在沙滩上，这些小球被称为“拟粪”。这位艺术家用一颗颗小沙球“画出”变幻万千的图案，但涨潮时这些艺术品会转瞬即逝，会被潮水推平，退潮后，“艺术家”又会开始新一轮创作。

中潮带到低潮带，隆线豆形拳蟹常常出现在积水的地方，它特殊的倒退式逃跑让人忍俊不禁。胜利黎明蟹也用这种逃跑方式，后退着往沙子里钻。隆线豆形拳蟹的背甲隆起，就像戴了一个造型感十足的头盔，它的一对螯足像骨折了吊着绷带的手，看似很长，其实最多也就能比画着挡一挡强敌。

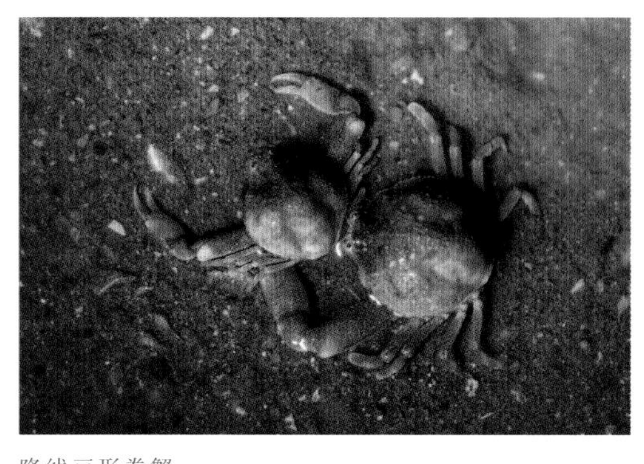

隆线豆形拳蟹

偶尔，沙滩上也会爬过几只寄居蟹，背着各式各样的“蜗居”。它们其实比许多人类更幸福，虽是“蜗居”，但至少都有自己的房子，还能定期更换。

突然，沙滩上出现了两个倒扣的"碗"，又有些像帽子，这是玉螺的卵囊群。在"碗"的周围仔细搜寻，几只斑玉螺正悄悄前行，它们正是"碗"的制造者。旁边，有一只死去的红色沙蚕，这是一种多毛类动物，细长的身体上长着许多脚，原来沙滩上也有"蜈蚣"。此时，许多的胆形织纹螺和秀丽织纹螺循着沙蚕尸体的味道从四面八方爬来，它们是沙滩上的"清道夫"，各种尸体都在它们的菜单上。

滩面上很热闹，沙子里也毫不逊色！裸体方格星虫可以在沙子里竖直钻洞，由于它特殊而发达的肌肉构造，它的钻洞速度飞快，而且常深达半米。

除了裸体方格星虫，许多双壳类动物也是埋栖高手。最厉害的是竹蛏，它们可以钻到沙下至少30厘米的深度，但文蛤、菲律宾蛤仔、半布目浅蛤则比较浅，通常只在10厘米的深度。无论深浅，双壳类动物都会将它们的入水管和出水管伸到沙滩的表面，交换水体，获取食物，同时排出废物。

玉螺碗状的卵囊群

岩相潮间带：
礁石间的常客

这里是岩相潮间带，高潮带和中潮带都是巨大的礁石，一直连接到低潮带。高潮带的转角处有一个大大的岩石裂缝，海浪不停地拍打，高高跃起的水花发出轰鸣声，经年累月，劈开了巨石。

在大岩缝中，可以看到不少小的岩石缝隙，一簇簇龟足正扭动着它们的柄部肌肉，张开壳板

岩相潮间带生境

打开壳室，伸出羽状的蔓足迎着海浪舞蹈，它们贪婪地捕捉着海水中的浮游生物。岩缝边的礁石上，布满了一座座“小火山”，一直延伸到低潮带，这是大型的日本笠藤壶。此时它们与龟足一样，正打开“小火山”顶部的四片壳板，将蔓足伸入海水中，尽情享用美食。

龟足

浪小一点儿的礁石上，晒着一个个“斗笠”，这些是日本菊花螺，旁边一圈圈果冻状的“甜甜圈”是它们产下的卵囊群。它们有强壮的腹足，一旦遇到危险，就会紧缩肌肉，将“斗笠”牢牢扣在石头上，此时除非使用暴力敲破壳体，否则无法将其从礁石上取下。“斗笠”晒场上，一队海蟑螂大军正在快速行军，乌压压掠过，看上去整齐有序，它们在遇到集群粘在礁石上的塔结节滨螺时，才调整方向。旁边的一个岩石凹陷处，有一些积水，许多平轴螺和齿纹蜑螺分布在这里，一只白纹方蟹刚刚完成了蜕壳，这是它一生中最脆弱的时候。

地毯海葵

来到中潮带，潮湿的岩石坑和岩缝里生长着纵条全丛海葵，身上有漂亮的橘黄色放射状线条，仿佛穿了一件华丽的裙子。在积水的地方，几只海葵正张开它们的触手捕捉水中的美食，看上去像开了一朵朵艳丽的花朵。

此时一只四齿大额蟹路过，扰动了水面，触碰了海葵，这些花朵像是被按到了开关，迅速将触手缩了回去，变成了一个饱满的肉球，最后还不忘喷出水柱。竖起的岩壁上，还挂着一些长相奇特的“斗笠”，它们是外形像蜘蛛的蛛形菊花螺，而旁边则布满了它们的好邻居——白脊管藤壶。

在一处石缝中，附着了大量的黑荞麦蛤和条纹隔贻贝，里面夹杂了一些青蚶，认真观察，还能看到几个翡翠股贻贝，它们孔雀绿的色彩在一堆黑色贝类所构筑的背景里，显得格外亮眼。这四种贝类都是用坚韧的足丝牢固地附着于岩石缝隙中，任凭风吹雨打，也绝不挪窝。石缝边的礁石上，密密麻麻地布满了团聚牡蛎，有时也有一些棘刺牡蛎点缀其中。在牡蛎堆里，潜伏了不少疣荔枝螺和黄口荔枝螺，它们是牡蛎的克星。还有常见的粗糙拟滨螺在周围散步，它们常常目睹荔枝螺吃牡蛎时大快朵颐的场景。

目光移到低潮带，“小火山”似的日本笠藤壶和团聚牡蛎绵延而来，有些地方布满了覆瓦小蛇螺，仿佛美杜莎头发上伸展的无数小蛇。一些日本花棘石鳖紧紧贴在岩壁上，它们是穿了8件套的多板纲贝类。低潮带除了大块的礁石区域，还有小面积泥沙质滩涂，上面堆积了一些小块的砾石。

翡翠股贻贝

翻开一块块砾石，会有许多惊喜！一只刺螯鼓虾正举着它强壮的螯足示威，意识到示威无效后，就击打水面发出一串“啪！啪！啪！”的响声。异响惊动了旁边一块砾石边的日本岩瓷蟹，它迅速躲到砾石下。日本岩瓷蟹是一种低等蟹类，它身体扁平，只有3对步足，以及1对与身体不成比例的又扁又大的螯足。除了日本岩瓷蟹，响声还吓到了刚刚出门活动的斑点真寄居蟹，它以迅雷

岩相潮间带的藤壶

不及掩耳之势将身体缩进了螺壳里，许久没再露面。此外，砾石下还藏着不少中国笔螺、粒花冠小月螺和单齿螺。

虽然现在已经是最低潮，但潮下带仍有不少的水。海浪有节奏地拍打着，岩石缝里，露出了几根斜插着的白色“枝条”，它们是桂山希氏柳珊瑚，有一个“枝条”上还挂有一串乌黑的“葡萄”随着海水摆动，这是乌贼的卵群。

乌贼的卵群

石缝里，藏着几个细雕刻肋海胆，身上布满了棘刺。海胆的邻居是身上有靓丽的橘红色或橙红色条纹装饰的可疑翼手参，它们可顾不上海胆那密密麻麻的棘刺，正从嘴里吐出触手迎着海浪摇曳，打算饱餐一顿。

第二章
神奇的红树林

海上森林：探访“海底森林”

扫一扫，看视频
——探访红树林

提到森林，大家脑海里浮现的画面一定是亚马孙热带雨林、大兴安岭的针叶林或者我国广泛分布的常绿阔叶林，很少有人知道海里也有森林，这就是红树林。红树林是生长在热带、亚热带海岸潮间带的木本植物群落。

由于涨潮时红树林的一部分会被海水淹没，仅树冠露出水面，故被称为“海上森林”；有时完全淹没，只在退潮时才露出水面，所以也有人称为“海底森林”。

红树林

红树林是红色的吗

红海榄

红树林，顾名思义与“红”有关。你是不是想到了秋天变红的枫叶林或做家具的红木？其实，它们之间没有任何关系。从外观上看，红树林与其他森林无异，都是郁郁葱葱的绿色。因其植株内富含单宁酸，单宁酸氧化后会显示红色，红树林的名字由此而来。可以说，红树林是“心红表不红”。许多年前，马来人在砍伐一种叫木榄的植物时，发现其裸露的木材显红色，就连砍刀的刀口也变成了红色，他们利用这种植物的树皮提取物制作出红色染料，于是木榄的树皮被称为“红树皮”。

红树林并非单一物种，而是包含了许多种植物。全世界红树植物的种类超过80种，而我国则有红树植物38种。其中26种为真红树植物，12种为半红树植物（不包括国外引种的种类）。我国常见的红树植物有秋茄、白骨壤、桐花树、木榄、红海榄、海漆等，也不乏珍稀濒危物种，比如红榄李和海南海桑。由南到北，红树植物的种类随着纬度的增加而不断减少。以真红树植物为例，海南分布有26种真红树植物，广东、广西和福建依次减少，而到了浙江仅剩秋茄1种。在红树林生态系统发育较完善的地方，不同的红树植物通常“列队”分布，从陆地到潮间带依次为：黄槿和银叶树等半红树植物，海漆、卤蕨、木榄、海莲、秋茄、桐花树和白骨壤等先锋植物。

植物里的“特长生”

桐花树的叶片泌盐

海边的潮间带有以下几个特点：间歇性的潮水浸淹，海水、土壤缺氧等。因此，红树林必须有足够的本领应对这些条件，而红树林所具备的这些本领，在植物界里堪称“特长生”。

叶子：会吐盐

众所周知，几乎所有生物的新陈代谢都依赖淡水，海里的生物也不例外。虽然周围全是海水，但对于红树林而言是“生理缺水”，它需要的是淡水，因此红树林首先必须解决淡水的问题。所有的红树植物都有“拒盐”的本领，它们通过构建特殊的“半透膜”体系将盐分过滤。过滤效率高的植物如秋茄和木榄可达99%以上，称为“拒盐植物”；过滤效率稍低的植物如白骨壤和桐花树也可达90%以上，吸入体内的多余盐分可通过叶片的盐腺分泌出去，称为“泌盐植物”。

果实：能海漂，能胎生

红树植物为了适应潮间带生活，还演化出了以海漂方式传播果实的本领，部分红树植物甚至还具有特殊的“胎生”技能。

大部分红树植物的果实都具有海漂果实的特点：体积大、重量轻、密度小于海水、富含营养、果皮坚韧或富含单宁酸，有些果皮纤维化或果实内有较大的空隙。

比如秋茄，其成熟的胚轴长度可达20厘米，而重量却不足20克，其密度小于海水，可随海水漂流；胚轴内富含营养物质，可保证长途海漂的消耗；胚轴内富含单宁酸，可避免漂浮过程中海水的腐蚀和动物的啃食。在动物界，胎生现象很普遍，在植物界，也有极少数植物具有胎生现象。

绝大部分植物的果实成熟时即脱离母体，种子不休眠或经短暂休眠再萌发，有些植物的种子需要经历长时间的休眠，但对于红树植物而言，间歇性的潮水冲刷否定了大部分的客观条件，因此一些真红树植物如秋茄、红海榄、白骨壤等掌握了“胎生”的技能，它们的果实在早期并不脱离母体，种子在果实里萌发并从母体吸收营养，等果实成熟并脱离母体时，已经是一棵小树苗了。这些小树苗能在很短的时间内扎根于滩涂，从而避免被潮水冲走。

白骨壤的指状呼吸根

银叶树的板状根

根：为支撑，为呼吸

抵御潮水冲刷和获取氧气，是红树林需要解决的另外两大难题。不同的红树植物生出庞大且奇形怪状的根系。具有支柱固着作用的根系主要有：红海榄和正红树的支柱根、银叶树和秋茄的板状根等；具有呼吸和传输氧气作用的根系主要有：白骨壤的指状呼吸根、海桑属红树植物的笋状呼吸根和木榄的膝状呼吸根等。

如果细心观察，不难发现水生植物都具有发达的通气组织，比如水稻的茎是中空的，莲藕也是中空的。红树植物的呼吸根系也一样，内部有发达的通气组织，有些呼吸根的表面还有密密麻麻的皮孔。皮孔不仅出现在红树植物的呼吸根上，有些红树植物如尖瓣海莲的树皮上也密布着皮孔。

木榄的膝状呼吸根

物种大家庭

作为生产力极高的“四大海洋生态系统”之一，红树林为许多动物提供了安全的居住环境和丰富的食物来源。当然，动物也为红树林的生长提供了帮助，它们之间是和谐的共生关系。比如红树林中生活着大量螃蟹，植物的凋落物为螃蟹提供丰富的食物来源，植株和根系又为其提供安全的庇护场所；而螃蟹通过掘穴来改善土壤的通气条件，帮助植物获取更多氧气，同时螃蟹的排遗物又为红树林提供养分。

据统计，中国红树林中生活着约3000种动物。树冠上，白鹭在巢里孵蛋；树干上，攀附着许多斑肋拟滨螺和红树拟蟹守螺；树洞里，海蟑螂不断探出头来观察险情；树基部，附着了大量牡蛎和藤壶；树根间夹插着红树蚬，一些方蟹将烟囱状的洞口高高垒起；滩涂上，大弹涂鱼正张大嘴巴竖起背鳍耀武扬威，企图吓走侵入领地觅食的招潮蟹；远处浅滩里，黑脸琵鹭正在水里摇头晃脑，用其特有的方式觅食；偶尔，还会有大的中国鲎（雌性）背着小的中国鲎（雄性）到红树林里谈情说爱……

中国的红树林里大型爬行动物和哺乳动物很少，但在东南亚的红树林区却很常见。马来西亚的婆罗洲红树林中至少生活着3种灵长类动物，比如以一种海桑的叶子为食的长鼻猴；取食水黄皮叶子和果实的银叶猴；而长尾猕猴则在退潮时会进入红树林抓螃蟹改善伙食，因而又得名“食蟹猴”。印度和孟加拉国交接的孙德尔本斯三角洲红树林中，甚至生活着鳄鱼、巨蜥、白斑鹿和孟加拉虎。

潮涨潮落的每一天，红树林中总在发生有趣的故事。也许你会听到“啪啪”的脆响，那是鼓虾在用它一只强有力的大螯高速夹击水流而发出的声音；也许你将看到远处光滩上密密

马来西亚婆罗洲的银叶猴正在取食水黄皮的果实

麻麻的乳白色"光头"螃蟹，可一眨眼它们又消失了，那是短指和尚蟹，它们正螺旋式向下快速地挖洞；也许你会发现一片贝壳在退潮时逆流而上，请不要怀疑自己的眼睛，那是关公蟹带着它的"帽子"在躲避敌人的同时寻找食物。

红树林里无奇不有，期待你用眼睛去发现。

红树林有哪些作用

每年台风来临前，红树林区周边的渔民都会将渔船开进红树林潮沟或有红树林庇护的港湾里避风，红树林通过茂密的林墙和发达的根系起到防风消浪的作用。据报道，100米宽、1千米长的红树林林带能抵御12级台风。对于人类而言，红树林最重要的作用是保堤护岸，减缓风暴潮的危害。

这个作用在历年的强台风，如"尹布都""黑格比""龙王"等中得到有力的验证，在2004年年底的印度洋海啸事件中更是作用明显。东南亚海啸后，研究人员对受灾沿岸考察后发现有红树林保护的海岸居民生命财产受损极小，而无红树林保护的海岸居民灾后生命财产安全损失惨重。因此，红树林也被称为"海岸卫士""绿色长城"。

此外，红树林具有天然养殖场、促淤造陆、净化污染、维持生物多样性、科普教育，以及旅游、科学研究等功能和价值。

海岸卫士——红树林

海檬果：
娇艳的剧毒

物种小档案

中 文 名：海檬果

拉 丁 名：*Cerbera manghas*

科　　名：夹竹桃科 Apocynaceae

属　　名：海檬果属 *Cerbera*

别　　名：海杧果

分布区域：多分布于高潮线以上的滨海沙滩、海堤，也常在红树林林缘出现。

在中国的半红树植物中，有一种植物的名称很特别，它叫海檬果（*Cerbera manghas*），因为其果实像杧果，又被称为海杧果。海檬果未成熟的果实呈绿色，成熟后变为橙红色或深红色，让人垂涎欲滴。但是，千万不要被它迷人的外表所蒙蔽，一定不能食用海檬果的果实，因为它含有剧毒，尤其是果仁。据说一个成熟的海檬果果实可以毒死一头强壮的公牛。

海檬果是夹竹桃科（Apocynaceae）的常绿小乔木。夹竹桃科植物一般都有毒，尤其是白色

海檬果尚未成熟的果实（绿色）

海檬果的成熟果实（红色）

海檬果的花

乳汁和果实。现在城市中常用于绿化隔离带的黄花夹竹桃便是夹竹桃科的典型代表，它的果实含有剧毒。海檬果与黄花夹竹桃一样，全株具有有毒的白色乳汁，成熟的果实含有剧毒。果实的中果皮全部都是纤维质，果仁含有丰富的营养物质，是适应海漂传播的典型特征。海檬果的花是淡雅的白色，中间为淡红色或橙黄色，非常漂亮。它多分布于高潮线以上的滨海沙滩、海堤，也常在红树林林缘出现，人们将它归为典型的半红树植物。

遇到危险时，动物有各种各样的解决办法，它们可以逃跑、打斗、装死、用坚硬的外壳保护自己；或者使用特殊的武器，比如凤螺锯齿般锋利的口盖、蜜蜂用来蜇人的尾针、有毒蛾类毛毛虫的毒毛等。可是只能待在原地，无法行动的植物该怎么办呢？大多数植物都是被动型策略。许多红树植物富含单宁酸，单宁酸苦涩，使得植物的果实、叶片、树皮都难以下咽，这是它们的生存策略。另一些植物则采取制毒策略，让枝叶或花果甚至全株都充满毒素，令动物无从下口。海檬果便是采取制毒策略的典型植物代表。除了海檬果，红树植物海漆也是用毒高手，它与海檬果一样全株富含有毒的乳白色汁液，也被称为牛奶树。当海漆的叶片被扯断或树皮被啃破时，醒目的白色乳汁便大量涌出，与灰色的树皮或绿色的树叶形成鲜明的反差，具有警示的作用。若动物还不识抬举，继续啃食，就会出现中毒现象。

海檬果虽然有毒，但瑕不掩瑜，它能发挥很多重要的作用。海檬果木材质地轻软，常用于制造箱柜、木屐和小型器具。由于树形美观，枝叶浓密，海檬果成为滨海地区优良的园林绿化树种。近年来台湾地区用海檬果作为沿海防护林树种之一，以缓解木麻黄退化的危机，抵御风暴潮，保护堤岸。

红榄李：
濒危的红树植物

物种小档案

中 文 名：红榄李

拉 丁 名：*Lumnitzera littorea*

科　　名：使君子科 Combretaceae

属　　名：榄李属 *Lumnitzera*

别　　名：无

分布区域：分布于风平浪静的海湾淤泥质滩涂中。中国仅在海南省陵水黎族自治县和三亚市有天然分布，在海南省陵水黎族自治县和海口市东寨港等地有人工引种。

在开展红树林研究和保育前，我和大多数人一样，对红树林一无所知。红树林是个大家族，在中国有38个成员，其中不乏珍稀濒危物种，红榄李就是典型。

红榄李（*Lumnitzera littorea*）是使君子科（Combretaceae）榄李属的常绿小乔木，有时也呈灌木状，树高可达25米（国内最高植株仅8米），树皮灰黑色。它有细长的膝状呼吸根，密布于植株附近的土壤表面。叶片略具肉质化，这是滨海盐生环境的适应特征。红榄李一年开两次花，是红树植物中少有的红花植物。总状花序上有数朵红色的小花，搭配细长的花丝和位于顶端膨大的黄色花药，异常艳丽。果实呈纺锤形，成熟时为黑褐色。它的果实借助海水传播，因此具有海漂植物果实或种子的一些共同特征，比如富含营养物质，果皮为纤维质，重量轻，密度小于海水，等等。

国内最高大的红榄李植株

红榄李是嗜热窄分布性种类，对光照、温度和生境的要求非常高，适合生存的环境为年均气温21～25℃，海水表层均温25～25.8℃。它们分布于风平浪静、土壤含盐0.46%～2.70%的海湾淤泥质滩涂中。红榄李在亚洲的热带、大洋洲的北部、东部的波利尼西亚和一些太平洋岛国均

鲜艳的红榄李花

红榄李的果实

有分布。但在中国，仅在海南省陵水黎族自治县和三亚市有天然分布，在海南省的东寨港曾人工引种，它是中国极度濒危的红树植物之一。红榄李是国家一级保护植物，已载入《中国植物红皮书》，并被列为《中国生物多样性保护行动计划》的优先保护植物名录，2006年被列入《海南省省级重点保护野生植物名录》，同时也是联合国《关于特别是作为水禽栖息地的国际重要湿地公约》（简称国际湿地公约）中的濒危物种。

我们于2014年对中国的红榄李资源开展调查，并发布《中国濒危红树植物红榄李调查报告》。报告显示：红榄李在中国仅分布于三亚市的铁炉港和陵水黎族自治县的大墩村，分布区域面积很小。这些红榄李与榄李、正红树、木榄等其他红树植物混生，数量稀少，一共只剩下14株植株，其中铁炉港9株，大墩村5株。与其他学者2006年的调查数据相比，情况不容乐观：中国红榄李的数量由359株骤降至14株；分布区域由3个减少为2个，其中海口市的东寨港人工移植存活的10株红榄李因2008年的寒害全部死亡；陵水黎族自治县大墩村的红榄李数量由340株锐减到5株，减少了98.5%。

此外，红榄李还面临着许多问题。2014年调查时的14株红榄李均处于老化或退化阶段，林下没有发现红榄李的幼苗。生存环境破碎化，并且退化或恶化，人为干扰和破坏严重，相关主管部门的资源投入有限，保护力度不足。为了挽救红榄李的命运，中国学者做了不少关于繁育的研究和实验，但最初几年的成果并不理想。他们发现红榄李的种子严重败育，已丧失自我繁育能力，无法进行有性繁殖；而枝条扦插、空中压条和组织培养的无性繁殖实验也未取得成功。红榄李的处境堪忧，亟待关注和保护。

可喜的是，经过坚持不懈的努力，红榄李繁育的难题在海口市的东寨港已经被成功破解。一大批红榄李幼苗正在苗圃里茁壮成长，有些幼苗已经被移植到野外，成为延续这个种群命运的希望。

苗圃里正在茁壮成长的红榄李幼苗

秋茄：
耐盐小能手

物种小档案

中 文 名：秋茄

拉 丁 名：*Kandelia obovata*

科 名：红树科 Rhizophoraceae

属 名：秋茄属 *Kandelia*

别 名：水笔仔

分布区域：中国凡是有红树林分布的地方均有秋茄，多分布于群落外缘。

中国红树植物中分布最广的种类是秋茄（*Kandelia obovata*），在福建、广东、广西、海南、香港、澳门和台湾均有天然分布。浙江于20世纪50年代人工引种成功，它也是最耐寒的红树植物。

白色的秋茄花

秋茄是红树科（Rhizophoraceae）常绿灌木或小乔木，高可达10米（20世纪80年代初，福建省龙海市浮宫镇还有10米高的秋茄树）。它有不太发达的板状根或支柱根，花小呈白色。秋茄具有典型的胎生现象。每年四五月，秋茄树上硕果累累，挂满了胎生胚轴。从生物学角度而言，每一根胚轴事实上就是一株幼苗。由于其外形细长似笔，又生长于潮间带，因此在香港和台湾等地区都将其称为“水笔仔”。

和许多植物一样，秋茄的果实中含有多枚种子。在种子萌发的过程中，一般只有其中的一枚种子有机会发育，而其他种子逐渐被排挤、边缘化，并最终败育。因此，我们通常看到的是“独生子”（一个“帽子”下只有一根胚轴），偶尔也能看到“双胞胎”，但若能找到“三胞胎”，那就中大奖

秋茄的胚轴似笔，因生长于潮间带，又被称为“水笔仔”

非常罕见的秋茄“三胞胎”胚轴（卢昌义 / 供图）

了！这个概率可能只有几万分之一。

秋茄的成熟胚轴长约20厘米，像缩小版的茄子，重心偏下，下端尖，因此成熟了自动掉落后，胚轴通常会将未来长根的一头扎入淤泥中，而不会颠倒过去。如果掉落时潮水尚未退去，胚轴则会漂在海水里，随着潮汐和水流传播。虽然秋茄的胚轴没有坚硬的外壳，但是含有较丰富的单宁酸，耐海水腐蚀，而且口感苦涩，减少了漂流过程中被动物啃食的概率。此外，秋茄胚轴富含淀粉，这让它有足够的能量度过漫长的海漂生活。秋茄也曾救过很多人的命，在20世纪食物匮乏的困难时期，龙海市浮宫镇的村民曾采集秋茄胚轴，在热水中熬煮，去除其中的大部分单宁酸，在阳光下晒干后磨成粉，替代粮食，最终熬过了那段不堪回首的日子。

秋茄是典型的“拒盐植物”。它通过特殊的机制在海水中获取淡水，而将绝大部分（99%）的盐分隔离在植株外，绝对称得上是“耐盐小能手”。

多年来，秋茄的拉丁学名一直是*Kandelia candel*。随着科学的发展、分类学研究中新技术的运用，科学家发现秋茄以南中国海为分界线可以分为两个不同的种群。

2003年，包括中国在内的南中国海以北的秋茄种群的拉丁学名更改为*Kandelia obovata*。

福建省龙海市是全球秋茄分布的中心之一。在龙海市九龙江的南溪与北溪交汇入海口处的浮宫镇霞郭村草埔头自然村的海堤外，有一片全世界首屈一指的秋茄林，这片郁郁葱葱、雄伟壮观的秋茄林就像一座钢铁般的绿色长城，守护着这里的海岸，这个地段的海岸被当地村民称为“镇东”海岸，关于这个名称还有一段神奇的传说。

20 世纪 80 年代初龙海市浮宫镇的秋茄大树（卢昌义/供图）

秋茄的植株

秋茄的板状根

九龙江上游的西溪、北溪、南溪三支干流在该地段汇合入海，水流湍急、浪涛汹涌，加之常年的北风及每年的台风，历史上，这里经常发生溃堤事故，堤内数万亩农田常被淹或被冲毁，水土流失、盐分上升，严重影响了当地群众的生产和生活。20世纪40年代，浮宫镇霞郭村的爱国华侨郭美承带头集资购买了上海招商局废弃的3000吨级镇东号巨轮沉底于此，以阻挡急流。后来，人们在这片滩涂上种植的秋茄不断成活，逐渐成为一道“绿色长城”，与镇东号一起，见证了人与自然逐步和谐相处的历史。

水椰：
神秘的孑遗植物

物种小档案

中 文 名：水椰

拉 丁 名：*Nypa fruticans*

科　　名：棕榈科 Palmae

属　　名：水椰属 *Nypa*

别　　名：亚答树

分布区域：常分布于咸淡水交界的河口、河滩区域，或生长于红树林最内缘，在中国仅零星分布于海南省部分地区。

水椰的球形果序

纪录片《水果猎人》里，讲述了水果猎人寻找各种奇怪水果的故事，其中就有水椰(*Nypa fruticans*)。

水椰是棕榈科(Palmae)常绿丛生灌木，高3～7米，具有水平行走的粗壮根状茎和肥硕的叶鞘。大型的羽状叶簇生于地面，裂片狭长呈披针形，中脉在叶片背面凸起，具有10余枚金黄色纤维束状附属物。肉穗花序从根际抽生，果序球形，由32～38个倒卵圆形的果实组成。成熟的果实呈褐色，富有光泽，果皮含有大量纤维质，种子圆形，含有大量胚乳，这些都有助于其在海水中传播。

水椰的肉穗花序，从根际抽出

滩涂上水椰的幼苗

切开水椰的果实，里面是俗称亚答子的种仁（黄一峰 / 供图）

水椰几乎全身是宝。它的种仁即亚答子，是一种特殊的水果，可生吃或腌渍后食用；肉穗花序的汁液含糖量达15%，是榨糖、酿酒或制醋的好原料；使用最多的是叶子。在东南亚地区，水椰的叶子被用于搭盖屋顶，或编织成地席、篮子等日用品。在泰国，水椰叶子的用途更加多元。如叶子经裁剪、处理后，拼接成约8厘米宽、30厘米长的长条形容器，包裹着刮成绒状的新鲜椰子肉，蒸熟后成为一道很特别的甜点。当地渔民还会将水椰的羽状叶作为围栏，搭建大型的"漏斗状"陷阱，用来捕虾，并制成独特的虾酱。

水椰是典型的热带海岸植物，常分布于咸淡水交界的河口、河滩区域，或生长于红树林最内缘。它是神秘的孑遗植物，对研究棕榈科的系统发育及起源，热带植物区系、古生物学、古地理学等都很有价值。水椰在东南亚、澳大利亚等热带地区广泛分布，但在中国仅零星分布于海南省部分地区，万宁市的石梅湾有一片水椰纯林，但目前也面临着许多威胁。

水椰是国家二级野生保护植物，被载入《中国植物红皮书》，2006年被列入《海南省省级重点保护野生植物名录》。

神秘的孑遗植物——水椰

银叶树：
树上挂满奥特曼

物种小档案

中 文 名：银叶树

拉 丁 名：*Heritiera littoralis*

科　　名：梧桐科 Sterculiaceae

属　　名：银叶树属 *Heritiera*

别　　名：翻白叶子树

分布区域：主要分布于高潮线附近，较少受潮汐浸淹的红树林内缘，在中国的海南、广东、广西、台湾和香港等地区有天然分布。

根据已故“中国红树林之父”林鹏院士等人于1995年提出的红树林区植物类型与鉴定标准，将能生长于潮间带，有时成为优势种，但也能在陆地非盐渍土生长的两栖木本植物称为半红树植物。按照这个标准，中国有12种半红树植物，其中最高大挺拔的非银叶树莫属。

高大的银叶树植株

银叶树叶片的背面呈银白色

银叶树（*Heritiera littoralis*）是梧桐科（Sterculiaceae）的常绿乔木，树高最高可达25米。它因叶片背面呈银白色而得名，又被称为“翻白叶子树”。

银叶树的果实近椭圆形，成熟时呈咖啡色，非常坚硬，腹面具有明显的龙骨突起，内有空气室。如果在果实上添上几笔，就是动画中奥特曼的头，非常有趣。

银叶树的果实靠海水传播，它的外果皮坚硬，中果皮具有很厚的木栓状纤维层，充满空气，可在海水中漂浮，并能减少被海水腐蚀的程度和动物啃食的概率；种子卵形，含有丰富的营养物质，足以支持其在长途的海洋漂流中能量的消耗。

板状根是热带雨林植物的一大特征，高大的乔木为了顶住巨大的树冠，在雨林中站稳，同时抵御大风和暴雨的袭击，演化出了板状根，从而增加了大量的支撑结构。

板状根在红树植物中也存在，比如秋茄就有不太发达的板状根。红树植物中板状根最发达的当属银叶树，它们的板状根气势恢宏，有些甚至高达2米以上，是玩捉迷藏游戏的绝佳选择。发

长得像“奥特曼”的银叶树果实

达的板状根有助于支撑高大挺拔的银叶树植株，同时抓牢地基，抵御台风暴潮的侵袭。

银叶树主要分布于高潮线附近较少受到潮汐浸淹的红树林内缘，其树形美观，是园林绿化和护岸固堤的优良树种。它的木材坚硬，可用于搭建桥梁。种子富含淀粉，可食用或榨油。

银叶树是世界范围内广泛分布的树种，在东南亚地区以及非洲东部、澳大利亚等地均有分布。中国台湾、海南、广东、广西和香港等地区也有天然分布，但目前数量已越来越少，成年植株不足1000株。

中国现存成年个体数在20株以上的银叶树种群仅见于广东省深圳市的盐灶古村和海丰县小漠镇香坑村、广西壮族自治区的防城港市和海南省的清澜港。其中深圳市盐灶古村的古银叶树保护小区的银叶树种群分布较集中，树龄较长，其中还有一株树龄超过500年的古树，是中国目前发现的最古老的银叶树种群。当地村民将这片古银叶树林视为风水林，因而得以保存至今。

在海南，除了文昌市的清澜港，银叶树只天然分布于琼海市的沙美内海、三亚市的铁炉港、海口市的东寨港和海南新盈红树林国家湿地公园等地区，但后两处区域的天然分布仅各剩1株。这种挂满“奥特曼”的植物亟待关注和保护。2006年，银叶树被列入《海南省省级重点保护野生植物名录》。

挂满了成千上万朵小花的银叶树

玉蕊：夜幕下的盛放

物种小档案

中 文 名：玉蕊

拉 丁 名：*Barringtonia racemosa*

科　　名：玉蕊科 Barringtoniaceae

属　　名：玉蕊属 *Barringtonia*

别　　名：水茄苳、穗花棋盘脚

分布区域：常见于红树林内缘、海岸低洼地和鱼塘堤岸。在中国海南省、台湾地区有天然分布，福建省有引种。

林子里的玉蕊小苗

一长串粉红色的玉蕊花，令人惊艳

在半红树植物中，非常有历史厚重感的当属玉蕊（*Barringtonia racemosa*）。据记载，玉蕊是中国唐代中叶极负盛名的传统名花。

玉蕊几乎全年开花，它将长达半米以上的花序轴下垂，上面挂满了令人惊艳的花。白居易的诗句“乱花渐欲迷人眼”，若用来形容玉蕊盛花期的场景非常贴切。

它的浅红色花瓣上，长着许多白色或粉红色的花丝。同一花序轴上的许多花朵往往同时开花，排成一长串粉红色的花串，远远看去，像一根根超大版的试管刷，或是漂白的鸡毛掸子。当我亲眼看到玉蕊夜晚或凌晨花朵盛开的场景后，才真正理解了“繁花似锦”的含义。

玉蕊是玉蕊科（Barringtoniaceae）常绿小乔木，树高可达10米。它的树叶常常丛生在枝条顶部，薄如纸。果实呈卵圆形，表面具有4条钝棱，质量轻，中果皮纤维质，这些特征有助于果实的海漂传播。

玉蕊生长于受潮汐影响的河流两岸或有淡水输入的红树林内缘，具有很强的耐盐能力，也可以在完全不受潮汐影响的内陆生长。在中国的海南省、台湾地区有天然分布，福建省有引种。玉蕊的树形美观、姿态优雅、花期长，具有极高的观赏价值，是庭院绿化的优良树种，也是滨海地区湿地公园绿化的优良树种。此外，其树皮纤维可作绳索，木材可用于建筑领域；玉蕊的根和果实具有药用价值，根可以退热，果实可以止咳。

海南省儋州市中和镇的七里村中，有一大片古老的玉蕊林绕村生长。每年五六月的夜晚，当地的村民在家门口就能闻到玉蕊花的阵阵清香。根据玉蕊夜间开花的特点，村民将玉蕊称为水畜。这片古老的玉蕊林是七里村的风水林，代代相传的村规民约，一直在保护着这片林子。

夏日的傍晚，在玉蕊林里选一张吊床躺下，看着玉蕊林中盘根错节的古树根，耳边传来潺潺的流水声，微风拂面，偶尔从天空飘下几朵淡粉色的花儿，如同生活在仙境一般。

玉蕊果实的表面具有 4 条钝棱

凋落的玉蕊花，仍美丽动人

儋州市中和镇七里村中古老的玉蕊林

第三章
有趣的软体动物

船蛆：
疯狂的钻木机

物种小档案

中 文 名：船蛆

拉 丁 名：*Teredo navalis*

科　　名：船蛆科 Teredinidae

属　　名：船蛆属 *Teredo*

别　　名：凿船贝、凿船虫、船食虫

分布区域：分布于温带及热带海域，常在红树植物的腐木中钻孔。

喜欢户外探险的人大多看过英国探险家贝尔·格里尔斯的《荒野求生》《跟着贝尔去冒险》等节目，尤其是在节目中看到贝尔吃各种虫子、内脏、腐肉等场景时，惊得人差点儿掉了下巴。在一次澳大利亚探险的节目中，贝尔在红树林的枯枝中寻找一种美味，据说当地的土著居民会收集红树植物树干，将其堆放于红树林中，过一段时间就可以收获非比寻常的美味。

笔者在采集船蛆

其实，这种美味就是喜欢在红树植物枯木中钻孔的船蛆。船蛆不仅在澳大利亚成为土著居民的美味，在东南亚一些有红树林分布的国家同样备受欢迎，比如泰国和菲律宾。在菲律宾，以船蛆为主料的美食还有一个特别的名字：泰米洛克，而且价格不菲。

有一年，我到菲律宾考察红树林时，一见到向导就问当地是否有泰米洛克，因为并不是每个地方都有。终于，在布桑加岛的红树林区，一个向导告知他能找到，于是我兴高采烈地催他赶紧带我去。只见他回家拿了一小瓶用矿泉水瓶装的黑褐色液体（后来才知道是醋），扛了一把斧头，就开着船带我往红树林深处前行。

当他发现远处岸边有一些倒伏枯死的红

树植物后，将船靠岸，说可以在这些枯树干里碰碰运气。向导抡起斧头开始砍树干，一点点剥离，木材里慢慢地开始出现一根根被蛀空的圆形管道，纵横交错，完全可以用千疮百孔来形容。

扫一扫，看视频
——采集船蛆

终于，向导停下手中的斧头，示意我看他指的位置，一只乳白色细长的“虫子”躺在长条形的管道里，这是它自己挖出来的“寝宫”。这时，向导随手捡来一根细枝条，将“虫子”小心翼翼地从管道里拉出，面带诡异笑容地问我：“你要不要尝尝？”随后，看我有些迟疑，他快速做了个示范，将船蛆蘸了点醋，直接放进嘴里生吃。好在我虽然对这类食材心存疑虑，但并不惧怕。于是，我也抓了一条长约15厘米的“虫子”蘸醋后生吃。老实说，吃着有点儿腥，但口感还行，有点儿像竹蛏。后来，我又连续吃了好几条。

切开倒伏枯死的红树植物树干表层，里面满是细长的乳白色船蛆钻的洞，俨然是一个迷宫

其实，船蛆并非虫子，而是双壳纲船蛆科（Teredinidae）的贝类。它们的卵孵化成幼虫后会在水里生活一段时间，等遇到木头后便开始附着，通过肌肉的不断运动，利用壳面的锉状嵴在木头里钻洞，同时分泌石灰质包裹在肉体外层形成石灰管，一方面起保护作用，另一方面减少运动过程中肌肉与木材的摩擦，此后便住在木头里，终身不再离开。

我猜想它钻进去后终身不离开木头，有如下原因：一是很安全。很显然木头里的管道是非常安全的庇护场所。二是不方便。一旦它钻进木头，就会开始疯长，研究表明有一种船蛆钻木后，16天就可以长大100倍，36天便可长大1000倍，菲律宾的一种船蛆甚至可以长到1.5米。这么大的身躯，再钻离木头确实不方便。三是没必要。船蛆通过两根进、出水管解决吃饭、排泄、繁育后代的事宜，而钻木产生的木屑也可以作为食物，有些船蛆还能靠具有固氮能力的共生细菌摄取食物中不足的氮，既然在木头里可以完成后续的生命过程，那就完全没必要再出来。

倒伏死亡的红树植物树干很快就被船蛆占领，被钻得千疮百孔

由于擅长钻木且繁殖力超强，船蛆很早就被人们视为有害生物，尤其在大航海时代它对木船造成了严重的破坏，人们想尽各种办法来对付它们。比如在船上涂沥青、焦油、铅、蜡，等等。在中国的红树林区，早期的渔民会将从红树植物树皮中提取的单宁酸涂在渔船外，减缓海水腐蚀和船蛆蛀蚀。

在红树林里，有好几种船蛆生活在红树植物的树干中，它们被归为污损生物①。因为它们不仅在枯木里钻洞生长，一些老化、瘦弱、伤残的枝干也常常被蛀蚀，有时几乎被蛀成蜂窝状，最终这些枝干因无法抵抗风浪的冲刷而折断。

船蛆在木头里一边钻孔前进，一边分泌石灰质包裹身体形成石灰管，让我想到了现在钻隧道用的盾构机，二者几乎是一模一样的操作。据说，盾构机的发明原理由法国工程师马克·布鲁诺尔（Marc Isambrd Brunel）于1806年提出，而给予他灵感的正是伦敦某艘船的船板里一边钻孔一边分泌黏液加固的“蛀虫”。现在看来，那肯定是某种船蛆，而盾构机正是学习船蛆，从仿生学角度研制发明的。

被船蛆蛀空的红树植物树干

可见，事物都可能有利弊，只看我们从什么角度分析。以船蛆为例，如果只考虑其蛀蚀木头的角度，是严重危害人类生命财产安全的。但人类因为学习它而发明了盾构机，盾构机又帮助人类建造了无数的隧道，从这个角度看，它又为人类做出了巨大的贡献。更别提它还是美味佳肴，是饕餮盛宴中必须品尝的菜品！

①污损生物：是指附着在船底、浮标和一切人工设施上的动、植物和微生物的总称。

蛋挞锥滨螺：送给女儿的礼物

物种小档案

中 文 名：蛋挞锥滨螺

拉 丁 名：*Mainwaringia dantaae*

科　　名：滨螺科 Littorinidae

属　　名：锥滨螺属 *Mainwaringia*

别　　名：蛋挞锥滨螺

分布区域：分布于高潮带红树林，常攀附于离地30～40厘米的红树植物树干或叶片上。

作为“生产力极高的海洋四大生态系统之一”——红树林为许多生物提供了安全的栖息场所和丰富的食物来源，同样，红树林中的其他生物亦为红树林生态系统做出了巨大贡献。

比如大型底栖动物的贡献是：为鸟类和经济鱼类等红树林区更高营养级的消费者提供主要的食物来源；造穴运动改善了土壤的通气条件，促进红树林的生长；促进红树林碎屑的循环和流动；也可用于指示红树林的生境状况等。软体动物是红树林区最大的底栖动物类群，约占总种数的40%。早期红树林软体动物的研究相对匮乏，基础资料不足。最近的研究资料显示，中国红树林区共有软体动物366种。

蛋挞锥滨螺的生活环境

看，我的收获

红树林生态系统大多位于河口、潟（xì）湖，是海陆过渡带生态系统，分布于以淤泥质为主的潮间带，但也偶见于礁石区、沙质或沙泥质潮间带。河口丰富的营养碎屑、多样的底质环境，以及大跨度的盐度梯度，是红树林区软体动物多样性的重要基础。因此，我始终认为，中国红树林区的软体动物种数应当多于366种。自2006年起，我就开始对国内红树林区的软体动物种类和资源进行系统的季节性调查，目前记录的软体动物种数已超过500种，而且还有一些新种未被发现。

研究红树林大型底栖动物是一系列非常辛苦的工作。首先，要具备在红树林区开展研究工作的基本技能，比如游泳、划船、爬树、踩滩涂；其次，要有超强的韧性、耐性和抵抗力，比如长时间在潮间带烈日中暴晒、在过膝的淤泥里徒步一两千米、面对数不清的蚊子“战队”的轰炸、周而复始的挖土和洗土。最后，才是科学研究应具备的专业知识和技能。

爬到树干上的蛋挞锥滨螺

有一次，我在广东省廉江市的红树林区做软体动物的调查，除了挖土、洗土、分析土壤表层和里面栖息的软体动物，还得采集和分析红树林中地面以上（根上和树上，包括树叶上）所有的软体动物，这是一项非常细致烦琐的工作。

在高潮带的样方①中，我发现一些个体小巧的长锥形贝类，壳表面常裹着一层泥浆，有时与环境融为一体，不仔细观察很难发现它们的踪迹。它们攀附于离地30～40厘米的桐花树树叶或茎上，偶尔分布在红海榄茎上，分布区域狭窄，数量极其稀少。这种贝类我之前并没有见过，将标本带回实验室后查阅了好久，但由于手头的文献资料有限，连隶属于哪个科都无法确定，直觉告诉我，这有可能是一个新种。

①样方：指能够代表样地信息特征的基本采样单元，用于获取样地的基本信息。

后来，我把几枚标本交给何径老师，请他帮忙查找资料并做进一步鉴定。几个月后，何老师来电告知好消息：这是一个滨螺科的新种。随后，这个新种被命名为蛋挞锥滨螺（*Mainwaringia dantaae* Fang, Peng, Zhang et He, n. sp.），在《贝壳与贝壳学》（英文名*Shell Discoveries*）上发表，并进行了新种的形态描述：壳长8～11毫米，壳厚且坚硬；褐色至深黄色；螺层10层，向外膨胀，缝合线深；壳顶尖直；螺层上有螺旋状螺肋，在体螺层上至少有15条，其余螺层一般不超过10条；每个螺层的螺肋在中下部较明显，而在缝合线下方不清晰；壳轴强壮，脐不封闭；壳口长卵圆形。

躲在桐花树叶片背面的蛋挞锥滨螺

蛋挞锥滨螺标本照

有人一定很好奇它为什么叫蛋挞锥滨螺，无论从哪个角度看它都跟蛋挞没有什么关系。那是因为我女儿的昵称叫“蛋挞”，这是我送给她最特别的礼物。

事实上，红树林区还有许多未知的秘密，亟待人们去关注和认识。然而，目前红树林却面临着诸多问题，若不及时保护，很可能许多物种还未被人们认识就已经灭绝。

海月：窗户上的明瓦

物种小档案

中 文 名：海月

拉 丁 名：*Placuna placenta*

科　　名：海月蛤科 Placunidae

属　　名：海月蛤属 *Placuna*

别　　名：海镜、窗贝

分布区域：常分布于红树林林外泥沙质滩涂和浅海海底。

农历八月十五是中国的传统佳节中秋节，自古以来这天都是亲人团聚的日子，而这一天的月亮分外皎洁圆润，寓意着团团圆圆。唐代诗人张九龄的诗作《望月怀远》中的“海上生明月，天涯共此时”，正是描绘这样的场景。也许当年张九龄在创作这首诗时看到了海上升起的明月，但他并不知道海里也生长着海月。

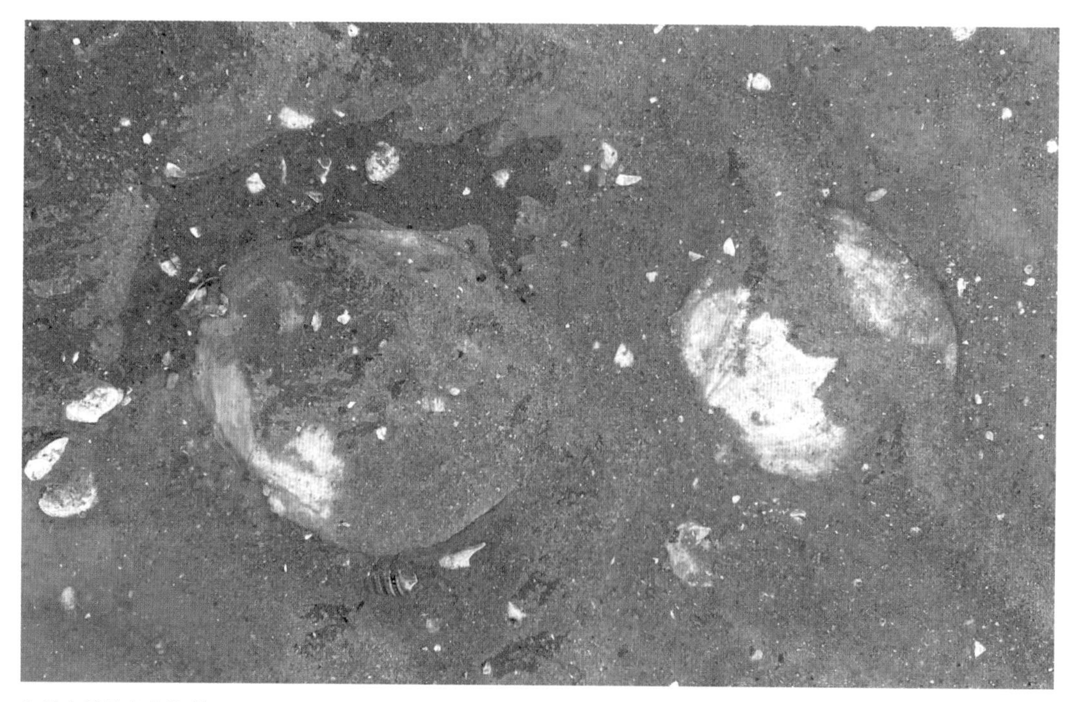

生活在滩涂上的海月

海月常分布于红树林林外泥沙质滩涂，海口市东寨港周边居民称为海镜。其壳大而扁平，近圆形，壳质极薄，半透明；壳表呈白色或乳白色，放射肋和生长纹细密且不规则，近腹缘的生长线略呈鳞片状；壳内面具有珍珠光泽。海月还有一个别称，叫窗贝。古时候的明瓦、蚝壳窗、蠡（lí）壳窗大多与它有关。

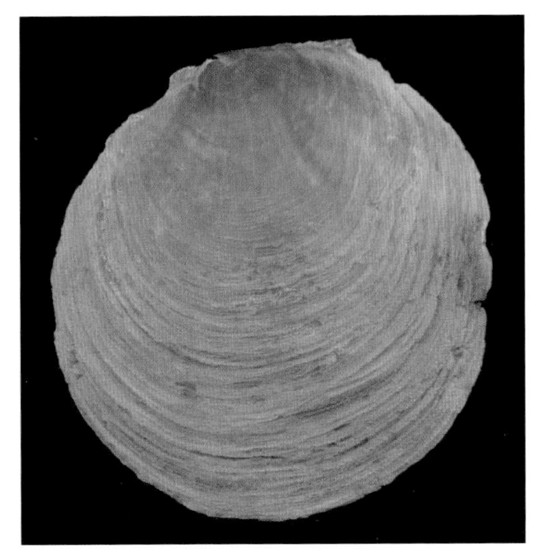
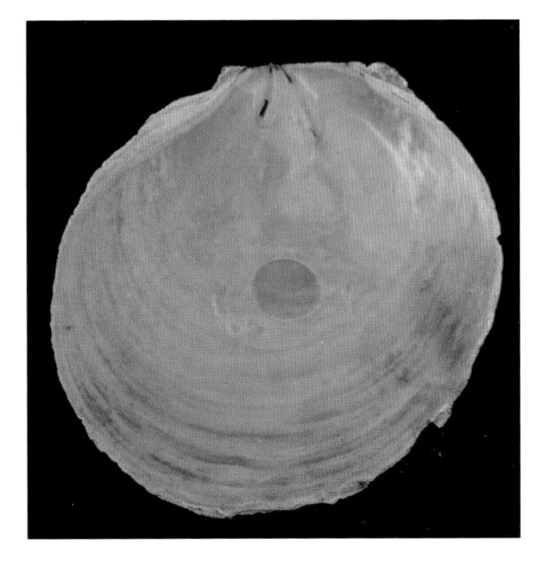

海月标本照

光意味着生机和希望，人类从未停止对光的向往。在安居落户住宿条件逐渐改善后，如何把光引入室内成为重要的议题，而窗户是最直接的渠道。据考证，唐代以前，窗户大多是木栅外加可开关的木板窗扇，打开后，光线可以引入，但一览无遗，而关上，就一片漆黑。

到了宋代，随着造纸术的发展，窗户上开始糊纸，一定程度上解决了“一览无遗”的窘境，又能引入一定的光线，但是纸不耐用，尤其在潮湿的南方，梅雨季节、风吹日晒，用不了多久就需要更新装裱，还存在被刺客捅破窗户纸释放毒烟的安全隐患。在成本低廉、透光性好的玻璃尚未登上历史舞台之前，人们亟待寻找窗纸的替代品。

海月做明瓦的历史最早可以追溯到宋代。南宋的地方志《宝庆四明志》曾记载：“海月，形圆如月，亦谓之海镜，土人鳞次之，以为天窗。”到了明清时期，贝类作为窗户的透光材料在江南一带逐渐普及，由于价格仍较高昂，也只有大户人家用得起。苏杭一带称为“蠡壳窗”，岭南一带称为“蚝壳窗”，在不少的诗词典故中可以寻觅其踪迹，比如清代诗人黄景仁在《夜起》中写道：“鱼鳞云断天凝黛，蠡壳窗稀月逗梭。”

苏杭“蠡壳窗”的蠡与蛎同音同义，即材料为海蛎壳，而岭南“蚝壳窗”字面看来材料也是海蛎壳。然而，从形状、结构和物质组成来看，海蛎壳并不适合做成可透光且表面积比较大的材料，而最佳的材料应该是海月。我曾经看过一些苏州园林的蠡壳窗，也比对过不少网上蠡壳窗或蚝

意大利佛罗伦萨乌菲齐美术馆的穹顶恢宏明亮

贝壳风铃

菲律宾科隆的大街小巷，布满了用海月等贝类制作的风铃和装饰品

壳窗的图片，透光材料基本都是海月。有研究人员以岭南现存的蚝壳窗、馆藏的蠡壳窗，以及近代作坊里出土的贝壳为研究对象，也发现材料都是海月。

用贝壳作为天窗或窗户的透光材料并非中国独有，在欧洲也有类似的使用。比如竣工于1560年（相当于明朝嘉靖年间）的意大利佛罗伦萨的乌菲齐美术馆内，部分建筑的穹顶布满了近圆形的透光贝类，它们很可能是海月。

当然，由于海月自身结构的局限性，其作为窗户透光材料仍然有一定的缺陷，尤其在多雨潮湿的江南，需要定期管护和保养。但不可否认，海月对人类的发展有不可磨灭的贡献。到了民国，由于低廉的、透光性更好的玻璃被广泛使用，海月作为窗户的透光材料才逐渐退出历史舞台。现在，只有苏杭和岭南的一些古园林建筑中才能看到古老的“蠡壳窗”或“蚝壳窗”。

在生态环境良好的红树林区，海月的产量很可观。红树林周边的一些堤坝或鱼塘塘基就地取土修建时，常常会挖出大量的海月壳。但由于海月肉少，在过去很长一段时间里只作为饲料原料，并未被广泛食用。现在，在海南省的一些红树林分布区，比如东寨港附近演丰镇的菜市场上，偶尔可以看到一两个售卖海月的地摊。渔民通常将洗净的海月煮熟后，去壳取肉再挑到市场上售卖，有时来不及取肉，也会将煮熟的海月带壳全部挑到市场上，边取肉边卖。

如果有机会，请捡起一片海月壳，对着阳光，感受几百年前古人从透光的海月壳里看到的希望。

红树拟蟹守螺：
贝类中的红树林名片

物种小档案

中 文 名：红树拟蟹守螺

拉 丁 名：*Cerithidea rhizophorarum*

科 名：汇螺科 Potamididae

属 名：拟蟹守螺属 *Cerithidea*

别 名：无

分布区域：生活在高潮带滩涂，常攀附于红树植物树干基部或根系上。

中国红树林里软体动物中文名中冠以"红树"的有两种，一种是双壳纲的红树蚬，另一种是腹足纲的红树拟蟹守螺（*Cerithidea rhizophorarum*）。红树拟蟹守螺拉丁学名的种加词 *rhizophorarum* 源自植物分类中红树科（Rhizophoraceae）红树属（*Rhizophora*），因此，如果要选择一种"名副其实"的红树林贝类，那么非红树拟蟹守螺莫属。

红树拟蟹守螺标本照

爬到红树植物树干上的红树拟蟹守螺

村民采集红树拟蟹守螺食用

红树拟蟹守螺隶属于腹足纲汇螺科(Potamodidae),与家族中的其他成员一样,它的体形也是长锥形的,但位于壳顶的螺层常被腐蚀掉;壳体表面密布由纵肋和横肋交织而成的颗粒状突起,宛如缠满了白、黑、棕、灰各色的串珠,素雅并透露着岁月的沧桑。红树拟蟹守螺主要分布于高潮带滩涂,常聚群栖息于沉积物表面或攀爬于红树植物树干基部和呼吸根上,如果没有红树植物,它们也会攀爬于互花米草①或其他高出滩涂表面的物体,比如较大的石块或礁石。它们以树皮上的大型藻类和沉积物中的有机碎屑为主要食物。

野外观察发现,红树拟蟹守螺会随着潮水涨退而有垂直攀爬红树植物的行为。当退潮时,红树拟蟹守螺爬到地表觅食;而涨潮时,它们就爬到红树植物上躲避潮水。躲避潮水的行为有两种可能,一种是怕水,无法在水中生活;另一种是为了躲避水中潜在的捕食者。红树拟蟹守螺属于后者。退潮时,并非所有的红树拟蟹守螺都爬到地表觅食,有些不想动的或者已经吃饱的会留在树干上,它们分泌黏液将口盖(厣)暂时闭合密封,躲在贝壳里降低代谢和能量损耗,并将壳口外缘与树干接触的部分黏合,"挂在"树干上,减少水分散失。

在之前的文献记录和实地调研中,我并没有找到红树拟蟹守螺被食用的案例,我认为产量这么大的贝类未被人食用,也有两种可能。一种可能是螺小、肉少,要花费大量时间逐一处理尾巴,人们嫌麻烦,而且可选择的个头大、易加工的贝类很多。但这种可能性很快就排除了,因为在台湾地区的夜市中,著名的烧酒配小菜"烧酒海蜷"就是主要以外形和大小相似,甚至更小的纵带滩栖螺加工而成。那么只剩下另一种可能,就是螺肉不好吃,或者有毒。因此,很长一段时间里,我都以为红树拟蟹守螺不好吃或不能吃。

①互花米草:拉丁学名*Spartina alterniflora*,是禾本科米草属多年生草本植物,地下部由短而细的须根和根状茎组成。

有一次我在海南省文昌市做红树林软体动物的调查，意外发现当地村民在红树林里采集红树拟蟹守螺食用。当地的红树拟蟹守螺数量众多，集中攀附于高潮带的红树植物树干基部，徒手即可采集，在树干上一抓一大把。当我做完样方研究返回岸边时，不到一个小时内，村民的筐里已装了大半筐红树拟蟹守螺。

红树林里的钝头拟蟹守螺

红树拟蟹守螺这类软体动物，只要保护好栖息地，其种群数量并不会因为适量的人为采集而衰退。但我也不提倡类似文昌市村民这种扫荡式的采集行为，只有适时适量的采集，保持种群数量的稳定，才能达到可持续利用的目的。

近几年，一种国外的汇螺科螺类在市场上大量上市，尤其是福建和广西等地，在厦门和莆田的市场、餐厅里也常能看到。这种螺是红树拟蟹守螺的亲戚，外形很相似，只是个头大了不少。它的拉丁学名是*Cerithidea obtusa*，因为国内没有分布，所以没有现成的中文名。根据词根，中文名可译为“钝头拟蟹守螺”。它符合经济贝类的基本标准：量多、个儿大、不难吃。

钝头拟蟹守螺是一种典型的红树林贝类，偶尔爬树，主要分布于印度—西太平洋区的红树林区（东南亚），也在东非、红海的红树林区域有分布。我曾在孟加拉国、印度、马来西亚、越南的红树林里均发现其行踪。钝头拟蟹守螺的壳顶常磨损，成熟的个体基本都是“断尾”的，壳体厚重，螺层为8～9层，外唇外翻，增厚明显，肉红色。整体外形像粗短的牛尾，因此莆田人给它起了个俗名：牛尾螺。

扫一扫，看视频
——钝头拟蟹守螺

红树蚬：红树林的标配

物种小档案

中 文 名：红树蚬

拉 丁 名：*Geloina coaxans*

科 名：花蚬科 Cyrenidae

属 名：硬壳蚬属 *Geloina*

别 名：马蹄蛤、牛粪螺、牛屎螺

分布区域：生活于潮间带半咸水滩涂中。

生活在中国红树林区的软体动物至少有600种，其中也有一些只分布于红树林的种类，但中文名冠以“红树”的软体动物却非常少。软体动物的中文名若冠以“红树”，顾名思义，其必然分布于红树林区，与红树林密切相关。目前只有两种生活在中国红树林里的贝类获此“殊荣”：一种是汇螺科的红树拟蟹守螺，另一种便是蚬科的红树蚬。

刚从红树林挖出来洗干净论堆卖的红树蚬

红树蚬(*Geloina coaxans*)在中国、日本、马来西亚、泰国、越南、印度、新加坡等国家均有分布，栖息于有淡水注入的淤泥质或泥沙质高潮带滩涂表层，埋栖深度不超过10厘米，在红树林遮阴区域更集中，尤其是红树林根系附近密度最高，故名红树蚬，是红树林中双壳类的优势种之一。它们在涨潮时滤食水体中的有机碎屑和浮游生物。大雨过后，红树蚬常上移到滩涂表面，有时甚至大半个壳都暴露出来。

大雨过后，红树蚬常上移到滩涂表面

红树蚬的贝壳呈三角卵圆形，质地厚重。尺寸可达15厘米，表面黄灰色，并被有黑褐色壳皮，能够与潮间带滩涂生境很好地融为一体，从而起到保护自己的作用；受生长环境的影响，各地红树蚬的壳皮颜色略有不同，位于壳顶位置的壳皮常被磨损。由于外形酷似马蹄，在台湾地区又被称为马蹄蛤。但是，红树蚬在广西和广东的俗名却不太雅致，由于壳表颜色和质感与牛粪颇为相似，因此被称为“牛粪螺”或“牛屎螺”。

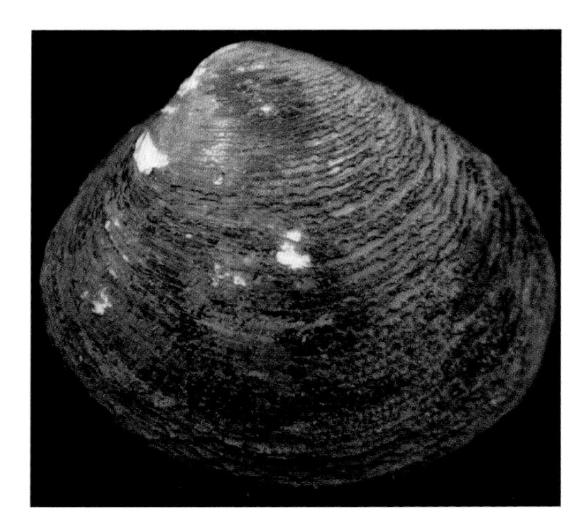

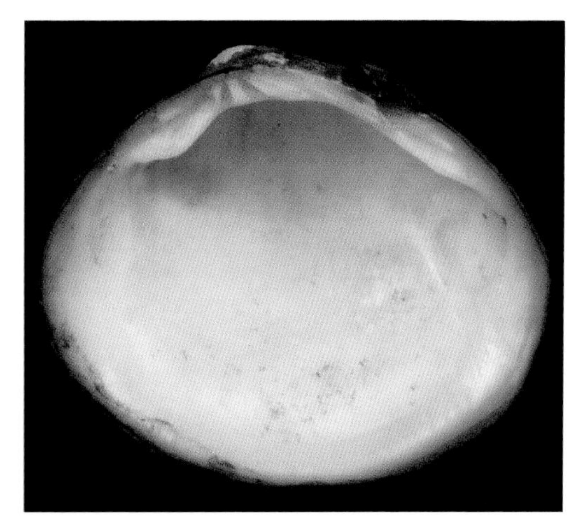

红树蚬标本照

虽然红树蚬有出众的保护色，但再好的伪装也敌不过捕食者，尤其是智慧的人类。由于埋栖于表层，简易的锄头、耙子都可以轻松采集，海南省文昌市清澜港的渔民甚至只需携带一根铁条。他们用铁条在红树林高潮带根系附近的滩涂随机插拔，若碰到红树蚬就有明显的触感，于是便可弯腰挖出。由于红树蚬还有大雨后上移外露的习性，渔民甚至无须任何工具就可捡拾红树蚬，有时候，一小时左右就可以收获一桶。

泰国红树林里的红树蚬资源更丰富。有一次我们乘坐渔民的小船进潮沟考察当地的红树林资源，在一处水椰林靠岸停留，就近拍照记录，而渔船主管则拿了个切去顶部的塑料油桶钻进林子，不到十分钟时间就踩着淤泥钻出来，笑嘻嘻地捧着徒手捡的一小桶红树蚬，与大家会合。

红树蚬有出众的保护色

红树蚬肉质肥厚，味道鲜美，价格低廉，在广东省湛江市、广西壮族自治区防城港市、海南省的清澜港和东寨港等地的红树林区是主要的捕捞对象之一。渔民采捕后常在附近的农贸市场就地铺开，将十来个红树蚬堆成一小堆，按个体大小定价出售，3元、5元一小堆，最贵的也不过10元而已。在红树林周边的村庄，红树蚬是最日常的蛋白质来源，常常可以在屋后或垃圾堆里看到一堆堆被村民食用后倾倒的红树蚬壳。

台湾地区的红树蚬人工养殖已达到一定规模化，云林县甚至还有一个马蹄蛤（当地人称红树蚬为“马蹄蛤”）主题馆，是一个系统介绍马蹄蛤生活史、研究和养殖等相关知识的科普空间，连科普折页都是马蹄蛤的形状；还有大面积的户外养殖和体验基地，组成了富有特色的观光景点。游客在这里除了可以品尝单只重达700克的红树蚬，还可以在主题馆学习红树蚬的相关知识，利用红树蚬的壳制作手工艺品，并且亲自进入养殖区捕捞，战利品可以在现场付费后加工食用，或者直接带回家去。

渔民正在红树林里采集红树蚬等海产品

红树蚬菜肴注重原汁原味，常见的做法是清炒和煮汤，海南省红树林周边的一些农家乐均有售卖，虽然只是非常简单的加工，但味道却十分鲜美，令人垂涎三尺。红树蚬在泰国等东南亚国家还有其他烹饪方法。比如将清洗过的红树蚬放到简易烤架上，以椰壳烧火烤，开壳后即可食用；或者取烤熟的螺肉拌上泰国特有的香料和辣椒作为凉菜，滋味让人回味无穷。

蓝斑背肛海兔：“海米粉”的制造者

物种小档案

中 文 名：蓝斑背肛海兔

拉 丁 名：*Bursatella leachii*

科　　名：海兔科 Aplysiidae

属　　名：*Bursatella*

别　　名：海猪仔、海猫仔、海土鬼、海珠、褐海兔

分布区域：栖息于潮下带的淤泥质或泥沙质滩涂或海藻上，产卵季节会出现在潮间带低潮带。

看，萌萌的蓝斑背肛海兔

早年厦门有一种著名特产——海粉，曾远销海外，现今已不多见，甚至绝大多数厦门的年轻人都没听说过。其实，海粉是干制的海兔卵（群带），而我一直在找机会观察和记录海兔的交配和产卵过程。

2018年的4月中旬，听说厦门五缘湾有不少海兔出没，想到此时仍是海兔春季产卵季的末期，而且基本上没有渔民捡拾，找到海兔和海粉的概率很大，于是我二话不说，带着刚好到访的马来西亚伙伴，一起开始了探访海兔的旅程。结果初次探访无果而归。

为了不再扑空，我认真拜读了两篇关于海兔的文章。一篇在朱家麟老师的著作《厦门吃海记》中，另一篇则在“博物君”张辰亮的爆款著作《海错图笔记》里。

夜幕降临，我们一行四人带着手电筒和相机，沿着小潮沟一路往低潮带缓慢前行，一边走一边寻找海兔。当天的主角大名叫蓝斑背肛海兔（*Bursatella leachii*），隶属于海兔目海兔科。因为它确实是贝类（软体动物），只是贝壳已完全退化，我对它的兴趣颇浓。

滩涂上的蓝斑背肛海兔（箭头所示者）

蓝斑背肛海兔的名称浅显易懂。蓝斑，就是其背上分布有圆形的浅蓝色眼状斑纹；背肛，就是肛门在背部，事实上是在背裂孔的后部。有时还可以看到背上排遗物未清理的海兔。海兔是海兔科软体动物的统称，目前中国已发现的有18种和3个亚种。海兔科软体动物有一些基本特征，比如头部有2对触角、贝壳多退化等。因为有触角，看起来像兔子而得名。

左边箭头指的是蓝斑背肛海兔身上的蓝斑，右边箭头指的是它的紫色墨囊

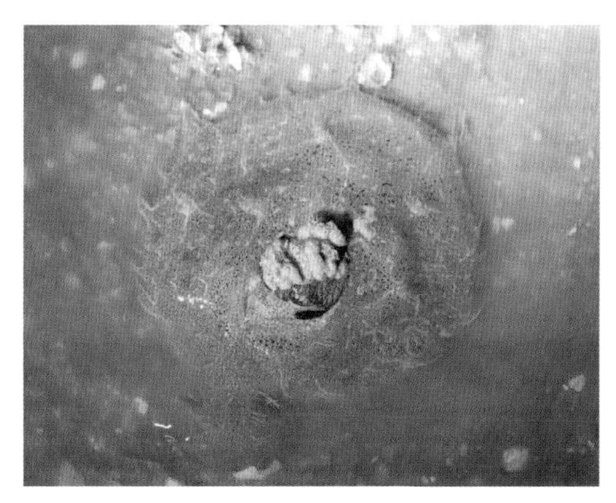

蓝斑背肛海兔的肛门位于背部，图中的海兔正顶着粑粑

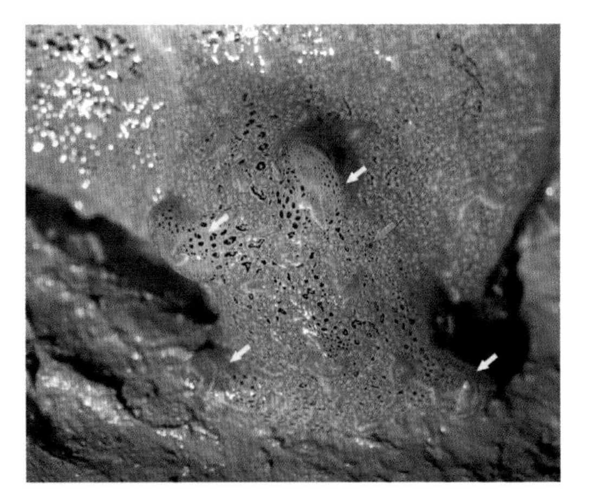

黄色的箭头指的是蓝斑背肛海兔的两对触角，红色箭头指的是它的眼

海兔的两对触角有不同的分工。前面一对管触觉，后面一对管嗅觉。虽然它也有眼，但结构简单，看起来仅是一对凸起的小黑点，可以感光。

蓝斑背肛海兔热衷于美食。它是一种杂食性动物，嘴位于头部腹面，主要刮食滩涂表面的底栖硅藻和有机碎屑，边爬边吃。温度直接影响它的食欲，水温在16～21℃时，其吞食能力最旺盛，生长也最快。

蓝斑背肛海兔爬行速度缓慢，躯体为一团软肉，没有贝壳保护。但为了生存，它有自己的本领。

拟态和保护色

蓝斑背肛海兔体表遍布黑、绿色素，因此它的体色会根据生境的不同而发生一定程度的变化，从而更好地隐藏于环境中。当然，它的体色也会因为所吃的食物而发生变化。

它的体表有许多黄褐色树枝状突起。只要“装死”缩成一团或静止不动，身上就会有诸多的突起，尤其在水里，犹如长满藻类的石块，可以轻易蒙蔽敌人的眼睛。

有毒的分泌物

它的体表有许多腺细胞，能分泌大量透明的黏液包裹于体表。黏液的第一个作用是在滩涂活动暴露于空气中时防止水分蒸发；第二个作用是减缓海浪的冲刷；第三个作用便是体表又黏又滑，可在一定程度上逃避敌害侵袭。

当然，仅有无毒的黏液是不够的，它还能分泌有毒的挥发性物质。这类挥发性物质对神经和肌肉系统有毒，可使天敌避而远之。

在繁殖季，渔民在潮间带会看到大量的蓝斑背肛海兔。以前渔民捡拾它们主要用来养殖和做肥料，通常不会食用，因为“食而无味”，而且其难免残留有害的分泌物，吃多了对身体不利。

扫一扫，看视频
——蓝斑背肛海兔喷墨汁

退缩和烟幕弹

“退缩成球”是蓝斑背肛海兔遇到危险时的应激反应，是最简单的逃避和防御，类似于马陆缩成球和穿山甲缩成球，只是后两者缩成球后外面都有坚硬的“铠甲”保护，而蓝斑背肛海兔并没有，所以这并不是一记妙招。

它还有一项技能，就是跟它的远房亲戚章鱼、乌贼一样，长有墨囊，位于背裂孔右侧，看起来像一颗老鼠屎，但遇到危险时会喷紫色墨汁，将水体染紫，蒙蔽敌人，并趁机逃跑。

蓝斑背肛海兔雌雄同体，但它们无法自己授精，需要异体受精。它们在春秋两季性腺成熟时，便会交尾产卵，一般来说春季更盛。

聚集在一起准备“搭火车”的蓝斑背肛海兔

蓝斑背肛海兔的交尾场面很隆重，常常是多只聚集在一起，排成一列火车。最靠前的是“火车头”，后面的第二只会爬到“火车头”背部，将阴茎从其右触角下方的雄性生殖孔伸出并插入“火车头”背裂孔里的雌雄生殖孔内进行交尾，在这个交尾行为中，“火车头”是雌性角色，第二只是雄性角色；紧接着，第三只会爬到第二只背上，将阴茎插入第二只的雌雄生殖孔进行交尾，在这个交尾行为中，第二只是雌性角色，第三只是雄性角色；以此类推。

在这列“火车”里，除了“火车头”是单纯的雌性角色，以及“火车尾”是单纯的雄性角色，中间的各节“车厢”既是雄性也是雌性。最终，除了“火车尾”的那只海兔没有受精，其他的海兔全部完成受精。这是异常高效的交配行为！

正在产卵的蓝斑背肛海兔

蓝斑背肛海兔交尾通常持续几个小时，交尾一日后便可开始产卵。

事实上，海兔的卵远比海兔本身有名。海兔的卵（群带）俗称海粉（或海米粉），营养成分较高，又具有诸多药用价值，是早期厦门的著名特产，在《厦门市志（民国）》中被形容为“品视燕窝为次”，可见其在名贵滋补品中的地位。然而现在却鲜有人知，淘宝网上尚可找到零星的销售海粉的店家。

不同个体的海兔因种类或食物的不同，所产的卵群带颜色会有不同，一般是浅绿色至深黄色之间。产卵量在不同种类和个体上差异较大，蓝斑背肛海兔的卵群带通常长约500厘米（湿重约12克）。

在卵群带里，卵囊呈螺旋形排列，每厘米卵群带平均有35个卵囊，而一个卵囊平均含20粒

俗称“海粉”的蓝斑背肛海兔卵群带

笔者正在拍摄蓝斑背肛海兔（宏进 / 供图）

卵，这样计算下来，一只蓝斑背肛海兔交尾后，一次的产卵量约为35万粒。繁殖季节，成千上万的蓝斑背肛海兔在滩涂上交尾产卵，可想而知，卵的数量多么惊人！这是典型的靠量取胜的生存策略。

海兔喜欢把卵产在滩涂上凸出的物体上，比如大型藻类、石块、贝壳等上面，甚至人类产生的海漂垃圾上。渔民利用蓝斑背肛海兔这种产卵的习性，开展海兔养殖，并在养殖塘里插竹条，海兔便会在竹条上产卵，再收获海粉。

闽南人养殖海兔的历史可追溯到两三百年前，其中厦门是最主要的养殖区域之一，比如在养殖血蚶的地方混养海兔。据朱家麟老师考证，厦门最近的有海粉产量数据的历史记录是1955年，当时高殿乡养殖近300亩，收获鲜粉超过8000千克，相当于约70万只海兔产卵的产量。

上岸前，我们在低潮带滩涂上找到了一处“文蛤坟场”，硕大的文蛤壳集中散落于一平方米的区域内。文蛤壳堆积散落形成凹凸变化的空间，这恰恰是海兔最喜欢的产卵区域，成了海兔的乐园。至少有5只海兔在这个区域徘徊（其中4只仍保持“火车队形”），不少新鲜的海粉挂在文蛤壳上。

问题突如其来，这个“文蛤坟场”是如何形成的？因为文蛤壳的规格很大，且集中在这个小区域里，周围的滩涂上基本没有。那么只有一种可能！若干年前，渔船上的渔民煮了一锅文蛤，吃完后将壳从船边就近倒在了海里。如今，成了海兔的产卵场。

伶鼬冠耳螺：
“画个圈圈诅咒你”的鼻祖

物种小档案

中 文 名：伶鼬冠耳螺

拉 丁 名：*Cassidula mustelina*

科 名：耳螺科 Ellobiidae

属 名：冠耳螺属 *Cassidula*

别 名：无

分布区域：多栖息于红树林中具有大量腐殖质的滩涂上，有时也攀附于高度不超过1米的红树植物的树干或根系上。

在所有的红树林软体动物中，我最感兴趣的是耳螺（Ellobiid）。耳螺是腹足纲耳螺目耳螺科（Ellobiidae）软体动物的统称，是一类特殊的原始有肺类软体动物，主要分布于海陆过渡区的高潮带和潮上带，其中红树林生态系统是其重要的分布区域。由于耳螺已演化出了肺，也有了一些陆生环境的适应性，有些人将耳螺划入陆生蜗牛，我认为并不正确。因为传统意义上的陆生蜗牛有一个共同的特点，就是对盐度的耐受力差，但其实大多数耳螺嗜盐，分布于潮间带，而完全生活在内陆的耳螺种类只占耳螺大家族的10%左右。若要找一个跟陆生蜗牛一样的大类群俗名的话，耳螺应归属于海螺。

伶鼬冠耳螺标本照

扫一扫，看视频
——伶鼬冠耳螺产卵

毫无疑问，古生物学的研究和大量的化石证据已经证明，陆生软体动物起源于海洋。作为分布于海陆过渡带的类群，耳螺在陆生软体动物的起源中具有举足轻重的地位。软体动物从海洋向陆地变迁的过程中必须首先解决呼吸的问题。海洋软体动物以鳃（包括外套膜上密布的纤毛）呼吸；陆生有肺类软体动物以肺呼吸，并且对干燥环境有一定的耐受力；耳螺介于两者之间，以肺呼吸，但对干燥环境没有耐受力，若环境过于干燥，耳螺会有相应的行动来响应，并尽快寻找适宜的潮湿环境。

耳螺，顾名思义外形长得像耳朵，大多数种类的壳质厚，壳口狭窄，没有厣（口盖），食物来源主要是微型藻类、植物碎屑和腐殖质。全世界超过一半的耳螺种类分布于红树林区，其中有些种类是广布种，比如伶鼬冠耳螺（*Cassidula mustelina*）。这些分布于红树林区的耳螺，在红树林生态系统中具有重要的作用，比如作为分解者促进物质的分解和循环。此外，还有一些特殊的作用，例如耳螺与广受喜爱的某些萤火虫有关联。

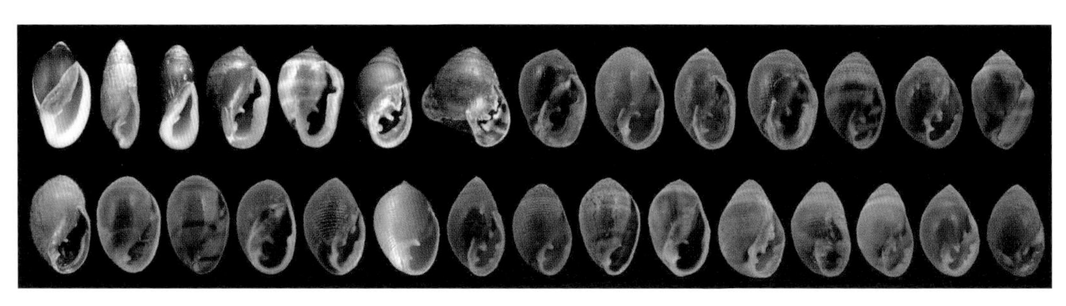

耳螺种类繁多

萤火虫幼虫正在吃耳螺（付新华 / 供图）

黑夜中放射出光芒，是萤火虫成虫生命最闪耀的时刻，也是生命的最后时光，通常持续7～10天，成虫在完成交尾、产卵后便死亡，而萤火虫一生中最长的时段是幼虫期，有些种类的幼虫期甚至可以长达10个月，如此漫长的幼虫期，吃是最大的问题。陆地上的萤火虫幼虫主要吃蜗牛，淡水里的萤火虫幼虫主要吃田螺，而红树林里的萤火虫幼虫主要吃耳螺和拟沼螺。

海南的红树林区拥有丰富的耳螺资源，也是我重要的研究区域。有一年春季我到海南省文昌市的红树林区做软体动物调查，这里有常见的广布种，如伶鼬冠耳螺、核冠耳螺(*Cassidula nucleus*)、中国耳螺(*Ellobium chinense*)、三角女教士螺(*Pythia trigona*)等，也有罕见的窄布种如索冠耳螺(*Cassidula sowerbyana*)、绞孔冠耳螺(*Cassidula plecotrematoides*)、粗毛冠耳螺(*Cassidula schmackeriana*)等。当我走到固定的调查区域时，被眼前的场景惊呆了！大量的壳上装饰有浅色条带的伶鼬冠耳螺正在红树植物树干或呼吸根的基部边爬边产卵，有趣的是它们几乎都是绕着一个圆心画圈圈。虽是低等的软体动物，但它们似乎都携带了圆规，有着独特的结构智慧，圈圈画得很规整。而这些圈圈是它们的卵囊群，包含着成千上万的卵。

伶鼬冠耳螺爬满了红树植物树干基部

这些圈圈是伶鼬冠耳螺的卵囊群，包含着成千上万的卵

这让我想起几年前有一个网络流行语“画个圈圈诅咒你”，发明这句流行语的人大概是从伶鼬冠耳螺画圈圈产卵的过程中获得的灵感吧。

伶鼬冠耳螺会“画个圈圈诅咒你”

几乎所有的耳螺对环境变迁和人为干扰都十分敏感，可作为环境评估的重要指示物种。由于过度的人为干扰和开发，包括红树林在内的滨海湿地生境正在破碎化、恶化，甚至消失，许多耳螺的种群数量也因此大幅减少，一些窄布种已经濒临灭绝。难以想象，如果红树林区的耳螺灭绝了，以耳螺为主要食物的红树林区萤火虫幼虫也很可能会消失。到那时，我们便再也无法划着船在潮沟里欣赏两岸红树林中数以万计的萤火虫组成的璀璨的“圣诞树”了，而伴随着萤火虫一同失去的是记忆中的童年。

爬到红树植物落叶上的伶鼬冠耳螺

米氏耳螺：
两千年前南越王的美食

物种小档案

中 文 名：米氏耳螺

拉 丁 名：*Ellobium aurismidae*

科　　名：耳螺科 Ellobiidae

属　　名：耳螺属 *Ellobium*

别　　名：无

分布区域：分布于红树林高潮带滩涂，主要在红树植物基部、气生根，以及凋落物上活动。

我从小就有一个成为考古学家的梦想，想体验发现和挖掘古董的喜悦。我现在也确实在挖土，只可惜，是在潮间带里挖淤泥，种红树植物，清洗底栖动物。为了弥补这种遗憾，空闲时间我会看看考古纪录片，想象自己身临其境的感觉。

当然，另一个方式就是探访各地的博物馆。由于喜爱贝类，每到一个博物馆，我都会有意识地搜寻馆藏的贝类元素，了解历史、文化、风俗中与之相关的点点滴滴。

西汉南越王墓出土的沟纹笋光螺

有一天，我在家看央视科教频道《大家》栏目播出的《南越王墓发掘记》。作为近代中国五大考古新发现之一，西汉南越王赵昧王陵的发掘看点十足，各种精美的青铜器、玉器、印章等让人应接不暇，不可思议的是，居然还有煎炉和烤炉。原来，烧烤在西汉就已经有了。当画面闪过一个出土的破损的沟纹笋光螺时，我的思维已定格在那里，后面的纪录片讲什么几乎没再看。我想，这可能是广州周边历史上分布有大面积红树林的重要依据之一！

近些年，我们与广州本土非政府组织（NGO）陆续合作开展了一些关于广州红树林资源和保育的工作。因此，我们也查询相关的文献资料，希望能了解广州历史上红树林的资源和分布状况。然而，相关的文献资料寥寥无几。一些结合海洋地质学和孢粉学的研究，揭示了珠江三角洲

（其中包括广州市番禺区等地）早期有较丰富的红树林资源的事实；中山大学的彭逸生博士告知，1956年科学出版社出版的《广州植物志》有秋茄、老鼠簕等红树植物的记录；1991年海洋出版社出版的《珠江三角洲一万年来环境演变》有红树林腐木的记录。

广州市南沙区坦头村的红树林

除了化石、腐木、花粉，专一性生长于红树林区的软体动物（贝类）也是非常重要的证据，特别是耳螺属（*Ellobium*）的耳螺种类。全世界已知的约240种耳螺中，在红树林区至少有一半以上的种类被记录下来，而其中耳螺属的种类，仅分布于红树林区。日本学者于2007年报道了日本东北部一个耳螺属化石的新记录种，成为中新世初期当地有红树林分布的新证据。

沟纹笋光螺标本照

米氏耳螺标本照

如果能找到类似耳螺属贝类的化石或者出土文物，那么这也是广州历史上有红树林分布最直接的证据。

沟纹笋光螺分布于高潮带泥沙质滩涂，在中国红树林区是常见的贝类之一。虽然在多年的野外研究中我并没有发现红树林以外的区域有其分布的踪迹，但有时在红树林与盐沼混生的区域偶尔也能见到，所以，沟纹笋光螺可能并非“绝对专一”。当然，沟纹笋光螺的出现意味着至少八成的准确率，我还需要寻找更多的证据。

随后，我进行网络搜索，找到了南越王墓的一些资料和图片，惊喜地发现居然真的有耳螺，只是图片不清晰，而且资料上显示的是“耳状耳螺/铁耳状耳螺”，这到底是哪种耳螺？虽然贝类的中文名、俗名、异名很多，但对于偏好耳螺研究的我而言，这个中文名我还真没见过！西汉距今两千年左右，这些贝类都应该是现生种，而不是化石种，抑或已灭绝？当然，还有一种可能性就是鉴定错误。

西汉南越王博物馆

所有的信息都充满未知，但又那么有趣。于是，我专程去了趟南越王博物馆寻找答案，最终收获了两大重要的发现：1.南越王是一个典型的吃货，因为他的墓里出土了大量的家畜、家禽和水生动物，包括贝类残骸，以及各种与吃喝有关的器具；2.南越王墓里出土的大型耳螺实为米氏耳螺。

西汉南越王墓出土的米氏耳螺和保存的容器

西汉南越王墓出土的米氏耳螺

米氏耳螺是现生的耳螺属里最大型的种类，专一分布于红树林高潮带滩涂，主要在红树植物基部、气生根，以及凋落物上活动。因此，它与红树林的分布关系专一，可以作为铁证。试想，在两千年前的西汉，交通并不发达，类似米氏耳螺这样的海鲜或河鲜，最大的问题就是保鲜，因此，这些耳螺必然是就近在珠江口红树林区采集的。

谜底揭开了。南越王墓出土的米氏耳螺证明广州历史上（至少可追溯到西汉）曾有大面积红树林分布。另一个有趣的发现是西汉时期米氏耳螺已被食用，而在广东省江门市台山市，至今仍有渔民采集米氏耳螺在市场上售卖供食用。

爬到红树植物树干基部的米氏耳螺

石鳖：
“衣着”最多的贝类

物种小档案

中 文 名：日本花棘石鳖

拉 丁 名：*Liolophura japonica*

科 名：石鳖科 Chitonidae

属 名：驼石鳖属 *Liolophura*

别 名：大驼石鳖

分布区域：常分布于潮间带礁石区的岩缝中。

每到一个地方旅行或工作，我都会看看当地是否有贝类食材，以便了解当地人对贝类的食用习惯。若有机会，也会点几道尝尝，顺便拿着碗里残留的壳鉴定种类。有时端上来的是取壳的肉加工成的菜肴，我还会跑到后厨去翻垃圾桶把壳找出来，一探究竟。

有一次到澎湖列岛参访，午餐在一家做当地菜的餐厅用餐。席间上来一道汤，用花生和某种动物的肉熬煮而成。我捞了两块“动物肉”放在盘中观察，它略呈椭圆形，边缘往下卷，正面中间有一整块波浪状的凹陷。我随后尝了尝口感和味道，鲜甜耐嚼、有弹性，跟贝类的肉相似，但在脑海里搜索了好久也找不到答案。后来问了餐厅老板，才豁然开朗。原来，这些肉是去壳后的石鳖肉。这是我人生第一次吃石鳖。

市场上售卖的石鳖

岩壁上的日本花棘石鳖

附着在礁石上的日本花棘石鳖

浑身长满棘刺的海胆石鳖

软体动物顾名思义便是身体软绵绵的动物，它们依靠自身分泌生长的贝壳来支撑和保护柔软的身体。有些软体动物的贝壳在进化过程中完全退化消失，比如石磺；有些软体动物只有一片贝壳，比如绝大部分俗称为蜗牛或螺的腹足类，以及外形像迷你象牙的掘足类；有些软体动物进化为内骨骼，比如鱿鱼、乌贼等大多数头足类；有些软体动物有两片贝壳，比如我们熟知的砗磲、常吃的花蛤等双壳类；而石鳖属于多板类（多板纲），它们拥有八片贝壳，绝对是“衣着”最多的软体动物（贝类）。除了“衣着”最多，石鳖很可能也是“眼睛”数量最多的贝类。与其他贝类不同，它们的“眼睛”居然长在贝壳上，直径只有不到0.1毫米，是非常小的“微眼”，数百只“微眼”按一定顺序分布于贝壳上，形成一个“微眼”网络。科学家认为，这个“微眼”网络相当于复眼的作用。

石鳖呈椭圆形，背面稍隆起，腹面平坦。外套膜发达，包被整个背部，中间有8片覆瓦状排列的贝壳，贝壳外裸露的一圈外套膜，称为环带，环带上多密布瘤凸、小棘或小针。不同种的石鳖，8片贝壳的大小、形状、花纹，以及环带上丛生的结构均有差异，这些都是石鳖种类鉴定的依据。比如平濑锦石鳖（*Onithochiton hirasei*）的环带表面相对比较光滑，只有一些细毛；常见的日本花棘石鳖（*Liolophura japonica*）则不然，它们的环带上密布粗短的石灰质棘；红条毛肤石鳖（*Acanthochitona rubrolineata*）的环带上则布满了密集的棘刺和18簇针束；最夸张的是海胆石鳖（*Acanthopleura spinosa*），它们的环带又粗又厚，上面插满了又黑又长的大刺，与海胆相似。

石鳖的足大而发达，足与外套膜之间的间隙分布着很多成对的鳃。作为软体动物，防御也是石鳖必须考虑的问题，它们有自己的绝招。首先，石鳖有一套无与伦比的铠甲，包括8片坚硬的贝壳，以及外圈布满了粗糙棘突甚至是大刺的环带，背面外露的部分都得到了全副武装；其次，石鳖的足异常发达，当遇到危险时，它们会将足部肌肉收缩，身体紧贴在石壁上，形成真空，并分泌黏液，牢牢粘在礁石上，这时，哪怕是将壳暴力砸烂，也很难将它从石头上取下来；最后，当石鳖脱离岩石时，它们的第一反应是将身体蜷曲，类似球马陆和穿山甲，把最柔软的腹部包在内部，用一圈最坚硬的外壳来保护自己。

石鳖牢牢粘在礁石上，很难将它取下来

石鳖是古老的生物，化石记录表明其祖先最早可追溯到4亿年前的泥盆纪。石鳖全部为海生，目前已发现约940种现生种和430种化石种。石鳖常分布于潮间带礁石区的岩缝中，有些是杂食性，有些是肉食性，主要以藻类、有孔虫和藤壶等为食。少数石鳖种类会捕食，比如生活在西太平洋的一种小型石鳖（*Placiphorella velata*），它会捕食包括小鱼小虾在内的小型动物。

石鳖常分布于潮间带礁石区的岩缝中

除了澎湖列岛地区，浙江和福建的渔民及兰屿的雅美人也会采食石鳖，主要是日本花棘石鳖。当然，个体越大肉越多，可食性越强。全世界最大的石鳖是生活在北太平洋寒冷海岸的史德勒石鳖（*Cryptochiton stelleri*），个体可达15厘米以上，它们常成为阿拉斯加一带土著居民的美味佳肴。

石磺：无壳的贝类

物种小档案

中 文 名：瘤背石磺

拉 丁 名：*Onchidium reevesii*

科 名：石磺科 Onchidiidae

属 名：石磺属 *Onchidium*

别 名：海癞子、泥龟、土鲍鱼、土海参、土鸡

分布区域：栖息于潮间带高潮带及潮上带的滩涂。

在潮间带广泛分布的石磺

我的老家莆田靠海，有湄洲湾、兴化湾、平海湾三大海湾，以及大大小小150多个岛屿，其中最出名的是妈祖信仰的发源地——湄洲岛，这是莆田的第二大岛，但第一大岛南日岛知道的人却相对较少。南日岛的主要产业是海水养殖业，其中鲍鱼养殖是支柱产业，南日岛素有"鲍鱼岛"之称，"南日鲍"获得"中华人民共和国地理标志保护产品"和"中国驰名商标"等荣誉称号。南日岛已成为中国鲍鱼的主要产地之一，产量约占全国的1/3。

明明要写石磺，怎么开篇却写鲍鱼呢？因为在莆田部分沿海地区，石磺俗称土鲍鱼。在我上小学的时候（20世纪90年代初），对于莆田人而言鲍鱼还是稀罕物。那时南日岛的海水养殖主要是养海带和紫菜，鲍鱼养殖尚未起步，市场上的鲍鱼主要依靠野生采捕或进口，价格高昂，普通老百姓消费不起。然而智慧在民间，老百姓找到了鲍鱼的替代品——石磺。这类生物在潮间带广泛分布，腹足大，肉质紧实，虽然口感和味道仍不及鲍鱼，但总能得到心理安慰。

扫一扫，看视频
——瘤背石磺翻身爬行

我的老家位于河流支流出海口的位置，属于内海，是泥滩潮间带，

淤积着厚厚的淤泥。天气回暖后，海边讨小海①的人就慢慢多起来了。有段时间我特别期待下课铃敲响，只要潮水合适，一下课我就飞奔回家放下书包，跟着大人到潮间带讨小海。大人背着小竹篓，拿着铁钎，寻找拟曼赛因青蟹的洞穴，通常一个潮汐周期便能抓到几只，有时在蟹洞里还有额外的收获，如喜欢吃拟曼赛因青蟹的中华乌塘鳢（俗称蟹虎）。我们几个小屁孩，就在潮间带钓螃蟹、捉跳跳鱼、捡石磺。将石磺从腹面剖开，去除内脏洗净后，便可以煮汤，这就是儿时的土鲍鱼汤。只不过我们平时也不常吃石磺，毕竟口感一般，而且那时候能捉到的比石磺好吃的小海鲜还有很多。

红树林里的拟曼赛因青蟹

喜欢吃拟曼赛因青蟹的中华乌塘鳢（俗称蟹虎）

石磺俗称海癞子、泥龟、土鲍鱼、土海参、土鸡等。它们隶属于软体动物门腹足纲缩眼目，是用肺呼吸的贝类。石磺广泛分布于印度—太平洋沿岸的河口海域，在滩涂、礁石和红树林里都有分布，有很多种类，其中常见的种类之一是瘤背石磺（*Onchidium reevesii*）。瘤背石磺为长椭圆形，灰色或黑褐色，体长约40毫米，无壳（贝壳已完全退化），头部有1对触角，背部密布瘤状或树枝状突起，且携带了许多黑色的对光线敏感的背眼，雌雄同体，异体受精。

众所周知，贝壳是由贝类的外套膜分泌形成，其最重要的功能是支撑和保护贝类的软体结构。对于贝壳完全退化的石磺，失去了贝壳的保护，它们自然有其他替代的妙招。妙招一：又厚又难啃的外套膜。石磺的外套膜非常发达，覆盖全身，壁厚肉糙，外层还覆有一层革质，总而言之就是皮糙肉厚难啃，是独特的铠甲。妙招二：隐身。石磺的颜色以灰色和黑褐色为主，加上背部密布的各种小疙瘩，使其爬到泥滩或礁石上，几乎跟环境融为一体。妙招三：钻洞。石磺是标准的宅，它们钻洞穴居，有进食或交配需要的时候才出来活动。它们在温度太低时不出洞，温度太高时也不出洞，通常在阴雨天或夜间出洞比较频繁。宅也有好处，就是减少了大量暴露在滩涂上的时间。

①讨小海：是指赶海人在浅海滩涂上捕捉贝类等海产品的活动。

礁石上的石磺

石磺是杂食性动物，且食量巨大，它们靠从口球中翻出的齿舌刮取食物。它们是直肠子，通常边走边吃边拉。它们的食物组成包括腐殖质、底栖硅藻、有机碎屑等，在爬行过程中将混有食物的泥沙刮取吞食，吸收可利用的营养物质，泥沙等废物直接从后端肛门排出，吞食速度较慢的个体，排遗物是一颗颗“大米”，而吞食速度较快的个体排出的则是绵延不断的“面条”。这些“大米”和“面条”不仅暴露了石磺的食物来源和食量，也充分暴露了它们的爬行轨迹。由于石磺有很好的保护色，有时候在滩涂上很难发现，但只要注意观察，找到它们的“大米”和“面条”，就能找到它们的踪迹和洞穴。

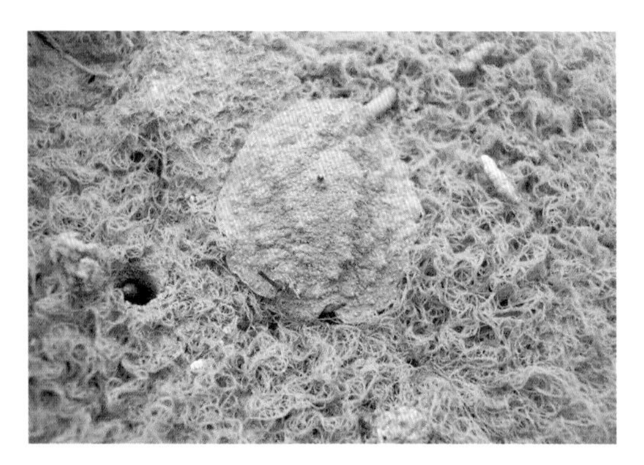

吞食速度较慢的石磺，排出的粑粑是一颗颗“大米”

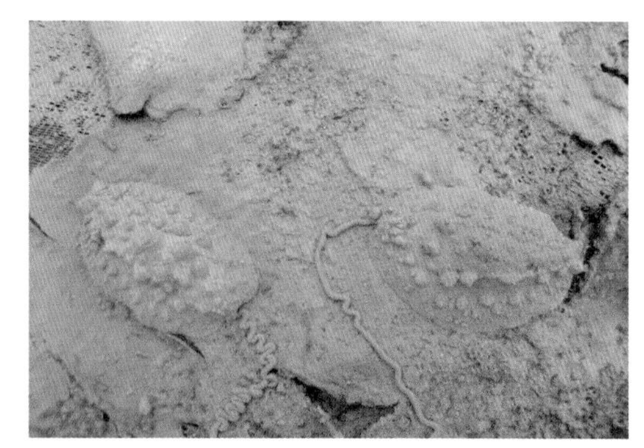

吞食速度较快的石磺，拉出的粑粑则是绵延不断的“面条”

梭螺：假装自己是圣诞树

物种小档案

中 文 名：美丽原梭螺

拉 丁 名：*Primovula formosa*

科　　名：梭螺科 Ovulidae

属　　名：原梭螺属 *Primovula*

别　　名：矛梭螺、美丽尖梭螺

分布区域：栖息于潮间带至水深120～160米浅海的柳珊瑚上。

生活在海边的我，自小对大海充满了好奇和敬畏。自2000年进入厦门大学学习以来，我一直在找机会探索厦门的潮间带。以前的研究目标只专注于红树林区，以淤泥质滩涂为主，也涉及一些红树林周边的砾石区、礁石区和沙滩。

退潮后，厦门的潮间带还能看到五彩斑斓的珊瑚，如图中的硬棘软珊瑚

我对珊瑚的兴趣不亚于红树林。厦门位于台湾海峡西侧，属于亚热带海洋性季风气候区，理应有珊瑚分布，只是过去数十年城市化的建设和频繁的人为干扰，珊瑚也许已毁灭殆尽。直到我在某个生态保存尚好的海岛上看到了五彩斑斓的珊瑚，才相信厦门仍有珊瑚。珊瑚分布通常从低潮带的下部开始，一直延伸到浅海。只有很少的一部分珊瑚会在天文大潮[①]时短暂露出水面，而大部分都淹没于海水中。早些年，在厦门一些人迹罕至的潮间带，偶尔还能捡到冲上岸的“海树”和珊瑚遗骸。现在若能捡到，这运气可以立马去买张彩票了。

①天文大潮：太阳和月亮的引潮合力的最大时期（即朔和望时）之潮。由于海洋的滞后作用，海潮的天文大潮一般在朔日和望日之后一天半左右，即农历的初二、初三和十七、十八左右。世界最大的天文大潮奇观是浙江的钱塘江大潮。

缠绕在柳珊瑚上的具有橘黄色条纹的海蛇尾，非常漂亮

有一次，我选了一个天文大潮的日子，到厦门一个未对外开放的海岛上开展潮间带生物多样性调查。最低潮时，往常被淹没的一些区域也都露出来了。我在一片积水的水洼寻找里面的生物，发现了一些树枝状的柳珊瑚，有些柳珊瑚上趴着几只小型的具有橘黄色条纹的海蛇尾，有些柳珊瑚上还有"突起"，布满了紫色、黄色和黑色的斑点，好像挂满糖果的圣诞树。我用手一碰，"突起"居然变成了纯白色！原来，这是一只白色的呈梭形的梭螺，皎洁如玉的腹足，挂满紫色、黄色和黑色小圆点的"外套"，搭配圆唇肥嘴和清澈的眼神，简直美丽不可方物！

梭螺（梭螺科Ovulidae动物的统称）是一类造型独特、惹人喜爱的小型贝类。它们广泛分布于热带和亚热带海域，只有少数种类分布于温带。生活在潮间带低潮带下部至潮下带的珊瑚礁、岩礁、泥沙或沙质海底，少数种类栖息在较深的区域。有趣的是，有些梭螺寄生在珊瑚的基部或枝杈上，并常以珊瑚等刺胞动物为食。根据张素萍和尉鹏（2011年）的报道，中国沿海共记录梭螺科动物30属71种。

一只白色的梭螺，外套膜上装点着黑色和黄色的斑点

萌萌的梭螺，有一对触角和两颗小眼睛

之前提到的挂满糖果的“外套”其实是梭螺的外套膜，而非贝壳。外套膜对于软体动物而言非常重要，除了可分泌贝壳、珍珠，还能辅助摄食、呼吸、排泄、生殖和运动。梭螺只有在觉察周围环境安全，且自身异常放松的时候，才会完全将外套膜舒展开来，逐步包裹贝壳，直至完全覆盖，让人产生“贝壳上自带花纹”的错觉。当它察觉有危险时，会将外套膜迅速回收，连同柔软的身体藏进贝壳中。

这只梭螺的外套膜像挂满糖果的圣诞树

梭螺除了以贝类颜色和外套膜花纹装扮成靓丽的“圣诞树”隐匿在海树（柳珊瑚）上，还以寄主为食。恰好，这个过程被我记录下来。起初，我发现两只梭螺在一起打情骂俏，腹足搅在一起，举止亲密。随后，左侧的梭螺爬开了，另一只却始终原地不动。我发现它通过外套膜和腹足的协作，将柳珊瑚的表层撕裂，并卷进去一大块，透过半透明的贝壳，还隐约可见壳内有柳珊瑚的轮廓和颜色。大人常说“吃什么补什么”，那是否有小朋友认为梭螺外套膜上的花纹是因为吃了类似花纹的柳珊瑚才出现的呢？其实这之间并没有相关性。

梭螺与寄主柳珊瑚“合二为一”，外套膜的斑纹起了隐身作用

扫一扫，看视频
——退潮时的梭螺
和柳珊瑚

不同种类的梭螺，外套膜的花纹有较大差异；即使是同一种梭螺，不同的个体因其生长环境、寄生珊瑚的颜色和花纹，甚至个体年龄而均有变化。我们常说：世界上没有两片相同的树叶。当然，同样也可以说：世界上没有两个外套膜花纹相同的梭螺。艳丽的外套膜仿佛是梭螺的妆容，比如“西式巧克力酱配南瓜汁妆”“唯美霉斑妆”“萌版海参妆”“黑白芝麻糊妆”“黑豆汤妆”和“缤纷糖果妆”等。梭螺贝壳的不同颜色以及外套膜的不同花纹实际上与其寄生的柳珊瑚关系密切。这些寄生在柳珊瑚上的梭螺，贝壳颜色和外套膜花纹会随着所选择的寄主的变化而在生长过程中逐步变化，最终将自己与寄主合二为一，做到很好地“隐身”，从而降低被捕食的概率。

真是太奇妙了！

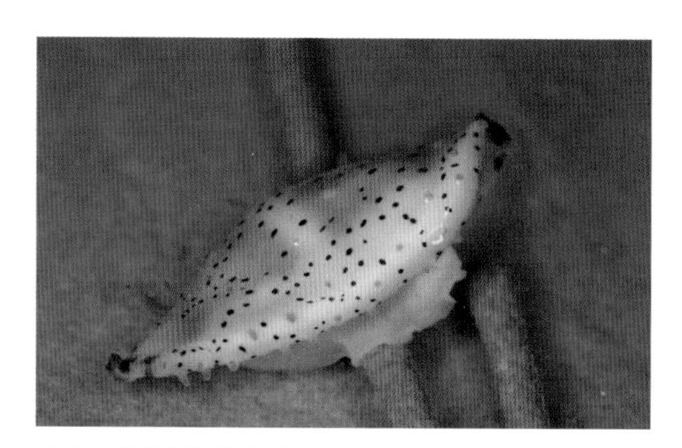

“唯美霉斑妆”的梭螺

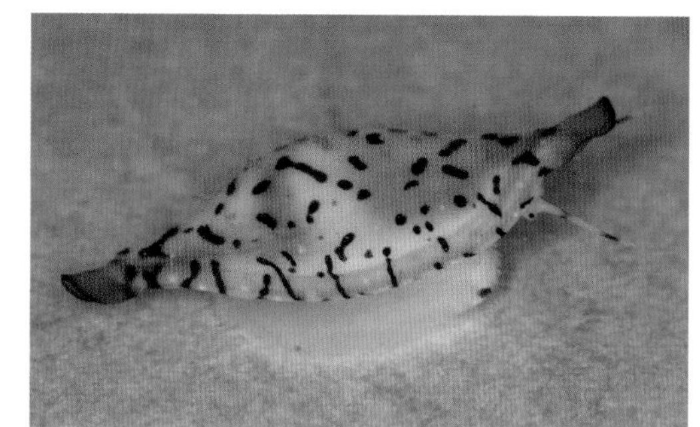

“西式巧克力酱配南瓜汁妆”的梭螺

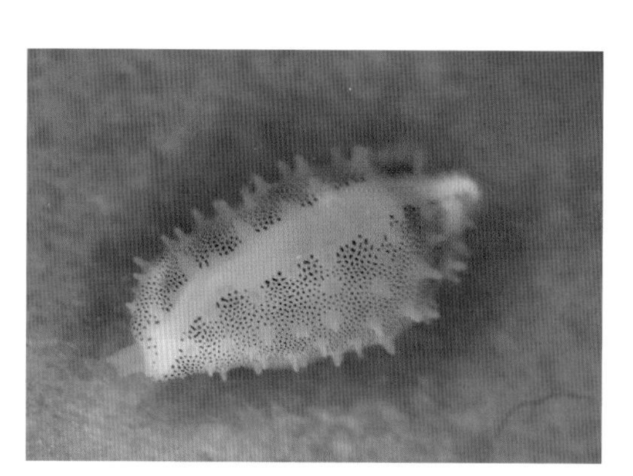

“萌版海参妆”的梭螺

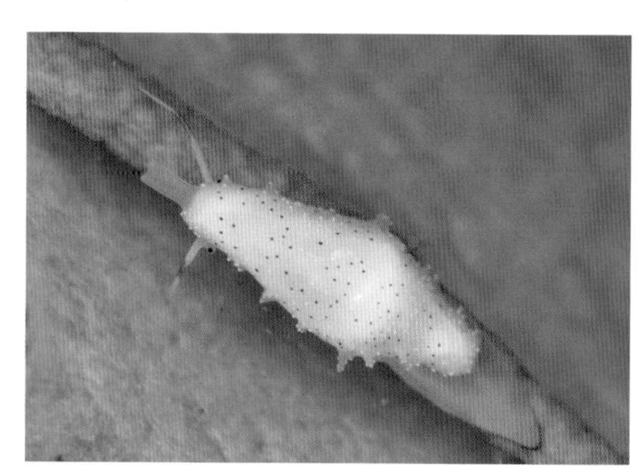

“黑白芝麻糊妆”的梭螺

望远镜螺：
望远镜的“远房亲戚”

物种小档案

中 文 名：望远镜螺

拉 丁 名：*Telescopium telescopium*

科　　名：汇螺科 Potamididae

属　　名：望远镜螺属 *Telescopium*

别　　名：望远镜海蜷

分布区域：分布于有淡水注入的红树林高潮带。

人们在认识新事物时，常常用已有的事物作为描述和比较的基础，这种“象形”式认知新事物的方式，也常见于软体动物物种的命名和描述中。望远镜螺（*Telescopium telescopium*）正是“象形”式的物种。

望远镜螺标本照

望远镜螺壳体较大，厚重，长可达10厘米，塔形，螺层约15层，外形酷似大航海时代常见的可伸缩的单筒望远镜（Telescope），以至于当年林奈大师见到它时惊叹不已，不仅种加词[①]命名为望远镜螺，连属名都是望远镜螺属（*Telescopium*），简直是“难以置信的相似”。

有些物种仅分布于特定的生态系统中，这些物种的分布记录甚至是化石记录，反过来也可以说明当地有（或曾经有）对应的生态系统，望远镜螺便是这样的一种“指示种”。望远镜螺是一种典型的只分布于红树林的软体动物，广泛分布于菲律宾、泰国、印度等东南亚国家，有淡水注入的红树林高潮带，中国内地和台湾地区也有分布。虽然日本仅有其死壳记录，但说明在标本采集地现在或曾经有红树林分布。

我研究红树林软体动物，所以对望远镜螺这类“专一分布于红树林”的贝类特别感兴趣，很早便开始寻觅其踪迹。我曾在印度、泰国、孟加拉国和菲律宾的红树林区看到望远镜螺，它们喜群

①种加词：指双名法中物种名的第二部分，其中第一部分为属名。

居，大量聚集在红树植物根系附近的树荫下或有积水的浅坑或潮沟附近，由于壳体厚重，它们在滩涂上爬行缓慢，并且会在身后留下明显的爬行痕迹。

马来西亚红树林滩涂上爬行的望远镜螺，留下长长的“尾巴”

红树林根系周围遗留了不少望远镜螺的死壳

文献中记录，在广东省湛江市硇洲岛分布有望远镜螺，我虽未去过硇洲岛，但依据望远镜螺的栖息环境便可推测硇洲岛分布有红树林。早在2007年我便开始在国内寻找这种与红树林息息相关的软体动物的踪迹，遗憾的是，只在海南省文昌市红树林周边一些鱼塘的塘基上发现过大量死壳。

早在20世纪八九十年代，当地大规模发展围塘养殖，砍伐红树林并就地取土修筑鱼塘，大量埋在滩涂里的死壳被翻出来。虽然当时没有发现望远镜螺活体，但可以肯定的是，当地红树林曾分布有望远镜螺，并且数量巨大。我觉得至少还有一丝希望。功夫不负有心人，在2008年我终于在文昌市的另一片红树林中发现了望远镜螺的身影，显然，它们还是喜欢红树林里阴凉且有积水的区域，只是这个种群很小，总数量不足10个，而寻遍整片红树林，再未找到其他的种群。

海南省文昌市红树林中发现的所剩无几的望远镜螺

望远镜螺可食用，但在中国尚未见食用报道。在印度的孙德尔本斯（Sundarbans）国家公园，随处可见礁石和树根上附着了大量的牡蛎，但奇怪的是当地人连这么丰富的资源都不利用，而只吃两种软体动物，一种是福寿螺，另一种便是望远镜螺。

印度的红树林中大量聚集的望远镜螺

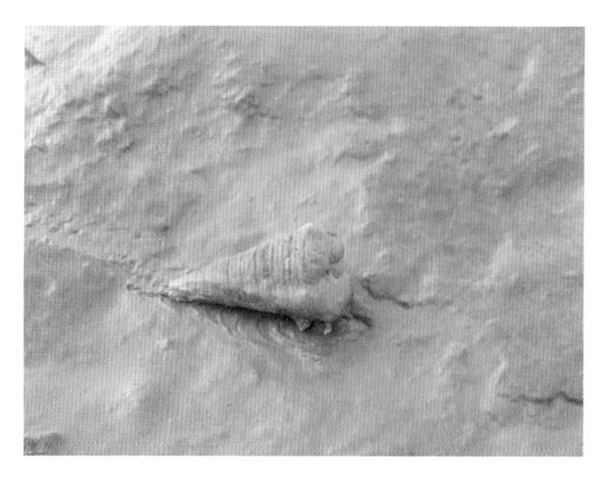

望远镜螺在滩涂上爬行

在泰国的红树林区，当地人也采集望远镜螺食用。印度和泰国食用望远镜螺的方法相似，都是将尾部敲断，辅以当地特有的辣椒和香料煮熟，随后便可食用。至于孙德尔本斯三角洲地区的当地人为何只吃包括望远镜螺在内的两种软体动物，而对当地大量其他可食用的软体动物资源视而不见，我个人推测是因为其数量巨大、分布集中、采集方便、个儿大肉多，还有一种可能就是味道特别鲜美，只是我至今还没有品尝过。

泰国的红树林区，当地人也采食望远镜螺

在东南亚的红树林区，望远镜螺分布广泛，数量众多，即便是成为采捕和食用的主要对象，仍能保持稳定的种群数量。然而在中国遍寻不到其踪迹，濒临灭绝。物种的保护离不开栖息地的保护，特别是类似望远镜螺这类“特有物种”，红树林的过度利用和破坏，导致望远镜螺的栖息地碎片化甚至消失，即便是拥有了高繁殖力，也难逃灭绝的命运，这种现象值得我们深思。

寻氏弧蛤：南方的海瓜子

物种小档案

中 文 名：寻氏弧蛤

拉 丁 名：*Arcuatula senhousia*

科　　名：贻贝科 Mytilidae

属　　名：弧蛤属 *Arcuatula*

别　　名：寻氏肌蛤、凸壳肌蛤、寻氏短齿蛤、土鬼仔、薄壳、海瓜子

分布区域：多栖息于潮汐频繁的中、低潮带泥滩中，以足丝附着，常粘连成片。

自古以来，就有食用“海瓜子”的记录。古诗《咏海瓜子》云：“冰盘推出碎玻璃，半杂青葱半带泥。莫笑老婆牙齿轮，梅花片片磕瓠犀。”

浙江省西门岛产的海瓜子是彩虹明樱蛤

在不同的地方“海瓜子”所指的种类差异很大，但有一些相似的特点：海产贝类、量大、小型，吃的时候用舌尖将两片壳打开，取走里面的肉，犹如嗑瓜子一般。广东也将“海瓜子”称为“薄壳”，通常指寻氏弧蛤（*Arcuatula senhousia*），但也包括红肉河蓝蛤（*Potamocorbula rubromuscula*）；福建所谓的“海瓜子”通常是指寻氏弧蛤，近几年在非寻氏弧蛤量产季节，市场上也会出现中国绿螂（*Glauconome chinensis*）；江浙一带称彩虹明樱蛤（*Iridona iridescens*）为“海瓜子”；北方人说的“海瓜子”事实上是纵肋织纹螺（*Nassarius variciferus*）。

从双壳纲到腹足纲，“海瓜子”在不同地区指代的种类覆盖好几个种，到底哪个是正确的？其实，都对！因为“海瓜子”本来就是个俗名。在中国南方沿海，尤其是红树林分布区，“海瓜子”通常对应的是寻氏弧蛤。

有人说，寻氏弧蛤中文正名应该是寻氏肌蛤、凸壳肌蛤或寻氏短齿蛤，其实在2010年前，本种确实归入肌蛤属，早期的名字是寻氏肌蛤，后因为历史原因，许多以姓氏命名的物种均被“去姓氏化”，

海南省东寨港产的海瓜子是寻氏弧蛤

也就有了凸壳肌蛤的名字，但近些年一些权威学者建议修正“历史问题”，将原以姓氏命名的物种“正名”，所以寻氏肌蛤是“前”正确的中文正名。2010年，本种被归入弧蛤属（*Arcuatula*），因此现在正确的中文正名是寻氏弧蛤。而寻氏短齿蛤是错误名，因为其从未被归入短齿蛤属（*Brachidontes*）。

广东和福建一带早已有食用和养殖寻氏弧蛤的记载。清嘉庆时期的《澄海县志》写道：“薄壳，聚房生海泥中，百十相黏，形似凤眼，壳青色而薄，一名凤眼蚬，夏月出佳，至秋味渐瘠。邑亦有薄壳场，其业与蚶场类。”另外，漳浦县屿头村在200多年前就已开始寻氏弧蛤的人工养殖。

寻氏弧蛤在闽东一带俗称“乌(虫念)”，闽南称为“海(虫间)”，莆田称为“土鬼仔”，广东称之为“薄壳”，当然，它还有一个广泛应用的名字——“海瓜子”。

寻氏弧蛤是广温性生物，壳长约20毫米，广泛分布于太平洋沿岸（自然分布于太平洋西岸，1944年美国从日本引种后，已分布至太平洋东岸），包括中国的南海、东海、黄海、渤海。寻氏弧蛤分布于中低潮带，用足丝附着在泥沙中，常成片粘连在一起，群聚生活。由于其被足丝束缚，移动性差，是“被动滤食性”种类，只能靠纤毛过滤水体中的食物，主要是底栖硅藻。有趣的是，寻氏弧蛤能够依靠特殊的阴影反射（Shadow reflex）来保护自己，当光线被遮蔽或减弱时，它们预料到敌人即将来临，便把贝壳闭合。

寻氏弧蛤标本照

由于寻氏弧蛤繁殖力强、分布广、生长快、产量高，因而是对虾养殖的重要饵料。除了对虾养殖，还被用于喂猪、养鸭、喂鱼，以及作为天然肥料。

寻氏弧蛤肉质鲜美，营养丰富，是沿海群众广泛食用的野生贝类之一。其肉质最肥美的时间是7月底到8月。此时寻氏弧蛤性腺发育近成熟，雌性呈橙黄色，雄性呈乳白色，充满整个外套膜。此时到寻氏弧蛤的产区，就有机会看到采收过程。浅的地方，渔民用脚触碰底泥，再俯身徒手或用铲子将一大坨寻氏弧蛤捞出，而2～3米深的区域，渔民常手持一把“薄壳刀”潜到底层，割断粘连的足丝并将其捞出，再就地洗去泥沙，运回岸边。

寻氏弧蛤用足丝粘连在底泥中，集群分布

刚从淤泥里捞出的寻氏弧蛤

个体小的寻氏弧蛤成为饲料，而个体较大的就成为食品。通常，市场上售卖的寻氏弧蛤都会提前将足丝去除。而到了9月份，成熟的性腺开始陆续分泌精子和卵子，于是“肉瘦了”，也就意味着最佳食用季节已过。

寻氏弧蛤最常见的做法是带壳煮或炒，比如耳熟能详的“辣椒炒海瓜子”。当然，由于壳小而薄，“嗑”起来烦琐，市场上也有售卖煮熟脱壳后的寻氏弧蛤肉，潮汕地区称之为“薄壳米”，购回后佐以韭菜花等简单烹炒即可。

学者曾记录闽南一带的群众，他们把寻氏弧蛤洗净捣碎后，装入密布袋内，揉挤出汁煮沸加工制成豆腐状，称为“(虫间)腐”，用以佐食。肉制成的干品，称为“(虫念)干”或“(虫间)米”。此外，寻氏弧蛤还可以腌制后食用。如果评选最廉价亲民的海产贝类，寻氏弧蛤无疑是极具竞争力的候选贝类。

海南省东寨港的渔民正在采集寻氏弧蛤

缢蛏：晶杆不是寄生虫

物种小档案

中 文 名：缢蛏

拉 丁 名：*Sinonovacula constricta*

科 名：灯塔蛏科 Pharidue

属 名：缢蛏属 *Sinonovacula*

别 名：青子、蛏子、泥蛏、涂蛏、毛蛏蛤、毛蛏

分布区域：分布在风平浪静、潮流畅通、底质松软、有淡水注入的潮间带中、低潮带的内湾，尤其是在红树林的外滩涂上最多。

扫一扫，看视频
——缢蛏中的晶杆

近两年来，一个从贝类体内剥出一长截粉嫩的“寄生虫”的视频在微信里疯狂传播，引起不小恐慌。

视频中的“罪魁祸首”缢蛏（*Sinonovacula constricta*）是一种家喻户晓、物美价廉的贝类，也就是所谓的蛏子，贝壳长方形，壳薄而脆，前缘稍圆，后缘略呈截形。壳的中央稍偏前方有1条自壳顶至腹缘微凹的缢沟，形似绳索的缢痕，故名缢蛏。壳面黄绿色的壳皮，壳内面白色。铰合部小，左壳有主齿3枚，右壳有主齿2枚。

所谓的“寄生虫”实际上是缢蛏消化道内的晶杆，是正常的结构，和寄生虫没有丝毫关系！其实不仅仅是缢蛏，双壳纲和腹足纲软体动物的消化道内都有晶杆，但双壳纲的研究种类更丰富，包括蚌、贻贝、扇贝、帘蛤、蛏等。因为缢蛏是广泛食用的经济种类，晶杆显著且易剥离，因此常被发现并误解。

那么晶杆到底是什么东西？严格来说，晶杆虽隶属于消化道，但不能算器官，我认为其是一个具功能性的“临时结构”。以缢蛏为例，其消化道由唇瓣、口、食道、胃、晶杆囊、肠、直肠和肛门等器官组成。晶杆由晶杆囊分泌产生，又因为其“临时性”的特点，因此晶杆囊才是器官，而晶杆并非器官。

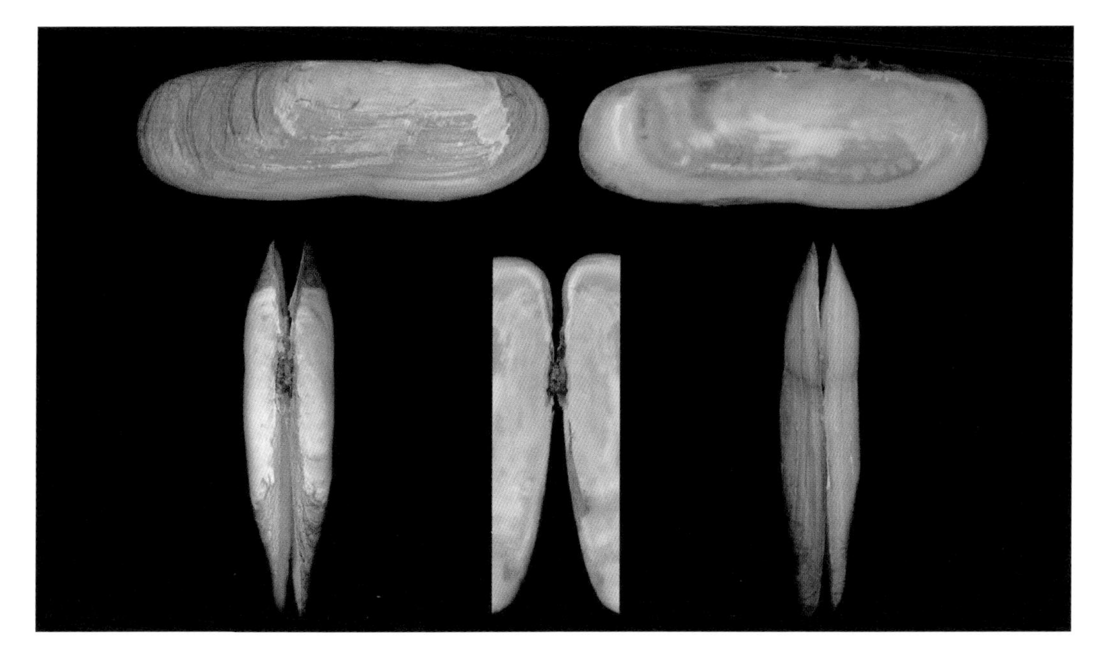

缢蛏标本照

晶杆在消化道里，因此起到的作用肯定与消化有关。晶杆在不同软体动物里的具体作用有所不同，但主要作用为：通过（晶杆囊上皮的纤毛）带动旋转搅拌和分泌消化酶促进消化，有些还具有调节胃腔里的pH、乳化胃腔内含物的作用。在饥饿状态下，很多软体动物的晶杆可被分解作为食物充饥，在食物充足的情况下，晶杆又会再次分泌生成。

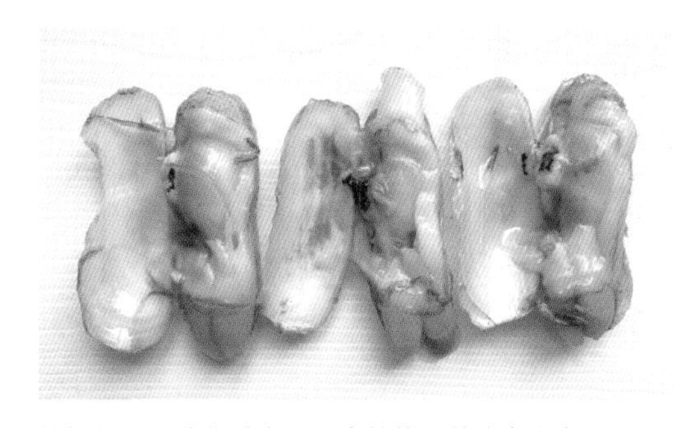

晶杆是缢蛏消化道内的正常结构，并非寄生虫

除了上文提到的一言不合就被当作食物“吃掉”，有些软体动物（如牡蛎）的晶杆易溶解，通常出水后就溶解了。缢蛏的晶杆易通过挤压分离和观察，但并非每个缢蛏都有，因为缢蛏难免会在饥饿的时候“吃掉”晶杆。

所以，晶杆并不是寄生虫，而是缢蛏的正常结构，请放心食用！还有人认为晶杆的存在与口感有关，挤掉晶杆后缢蛏的鲜甜度就降低了。

缢蛏是主要分布在中国、日本和朝鲜等地的广温性贝类，中国沿海均有分布，它喜欢栖息在风平浪静、潮流畅通、底质松软、有淡水注入的潮间带中、低潮带的内湾，尤其是在红树林林外滩涂上最多。营穴居生活，涨潮时蛏体上升到穴口，伸出水管进行摄食、呼吸和泄殖，退潮或遇到敌害生物时，蛏体下降到穴中。缢蛏属于滤食性贝类，主要以浮游硅藻为食。

缢蛏是中国四大养殖经济贝类之一，养殖历史悠久。400多年前，福建沿海群众就以海为田，

渔民正在徒手采集缢蛏（王文卿 / 供图）

开展缢蛏养殖。据清代《宁海县志》记载："蛏、蚌属，以田种之谓蛏田，形狭而长如中指，一名西施舌，言其美也。"人工养殖的蛏苗，在清代周亮工的《闽小记·蛏苗》中亦有记载。

福建省云霄县的漳江口红树林国家级自然保护区是国内主要的缢蛏苗基地，每年产量高达500吨。每年3月退潮前，云霄县的数百名渔民身背小竹篓，深入红树林外缘，采集蛏苗；涨潮后，码头上已摆满了采集回来的蛏苗，这些蛏苗在码头附近简单漂洗，随即被收购商收购，装上卡车运往全国各地的缢蛏养殖区。蛏苗的播种一般在清明前后结束，养殖8个月即可上市。人工养殖的缢蛏通常采取徒手翻土的方式取蛏，在底质柔软、缢蛏栖息密度大的泥质滩涂上，用双手插入滩涂内，按顺序翻土，边翻边拣出。捕捉时动作要轻快，以免缢蛏受惊潜入穴底，增加捕捉难度。野外环境下，渔民一般借助蛏锄、耙子和蛏钩等工具采集缢蛏。

云霄县漳江口红树林区运输蛏苗的渔船

刚刚从红树林区采集上岸的蛏苗

缢蛏肉味鲜美，营养丰富，除了鲜食，还可加工成蛏干和蛏油，有滋补、清热的功效，能治疗产后虚损、烦热和痢疾等。虽然缢蛏在中国沿海均有分布，但南、北方对蛏子的做法截然不同。南方地区，尤其是闽南注重海鲜的原味，常见的做法有：蛏子酱油水、葱姜炒蛏子、蛏子炒蛋、盐焗蛏子等；非常值得一提的是莆田市蛏子的特别做法：蛏熘和竖蛏，做法虽然简单，但却在最大程度上保留了蛏子的鲜美。

认识了蛏子的产地、养殖和采集方式，我们便知道每一只蛏子都来之不易。当我们在品尝美味蛏子的同时，也应对大自然和当地渔民心怀感恩。

印澳蛤：
神秘的“血螺”

物种小档案

中 文 名：印澳蛤

拉 丁 名：*Indoaustriella plicifera*

科　　名：满月蛤科 Lucinidae

属　　名：印澳蛤属 *Indoaustriella*

别　　名：血螺

分布区域：分布于红树林滩涂里，埋栖深度约30厘米。

央视的《乡土》栏目曾播出一期《红树林边好生活》，其以海南新盈红树林国家湿地公园为主要取景地，介绍了新盈农场红树林的生态和作用，当地的人文、特色海产和调声文化，以及“血螺”等红树林特色海产品。

节目中的“血螺”到底是什么？事实上，大多数贝类的血液是无色的，只有少数种类的血液因含血红蛋白而呈红色，或含血蓝蛋白而呈蓝色。因此，节目中的血螺显然是血液中含有血红蛋白的贝类。

在中国的东南沿海，泥蚶是一种常见的经济贝类，在福建、广东、广西和海南等地被普遍食用，新盈农场的当地村民也常吃。泥蚶最传统的吃法是烫蚶，且不能过熟，开壳“多血”，故人们习惯称为血蚶。

泥蚶又名血蚶，是常见的经济贝类

但新盈的“血螺”并非血蚶，而是满月蛤科的印澳蛤（*Indoaustriella plicifera*）。印澳蛤分布于红树林滩涂里，埋栖深度约30厘米。有经验的村民知晓印澳蛤分布的区域，只需携带简易的铁钎便可采集。他们使用铁钎在滩涂里不断上下插拔，类似“扫雷”，碰到硬物，通常都有收获。如果在表层（10厘米左右深度）通常是红树蚬，而30厘米左右深度的便是印澳蛤。

在海南省新盈农场的红树林里，村民正用铁钎寻找印澳蛤（罗理想/供图）

表面布满放射状“皱纹”的印澳蛤

新鲜的印澳蛤肉是血红色的，因此被当地人称为“血螺”

也许血液呈红色的贝类不多，因此在中国人的认知里，带血的贝类更滋补。血蚶和血螺都被认为含有丰富的营养，俗称“大补”。在新盈农场，印澳蛤有好几种食用方法，比如取肉大火烹调，或置于瓦片上直接烤熟，也可以用高浓度的白酒浸泡新鲜螺肉制作药酒。

我在读硕博研究生期间，曾经挖掘大量的红树林底泥，研究里面的大型底栖动物（尤其是软体动物/贝类）。在海南的一些红树林里，有一种与印澳蛤非常相似的双壳类动物叫斯氏印澳蛤（*Indoaustriella scarlatoi*），比较常见，有些地方甚至成为优势种。斯氏印澳蛤的埋栖深度约10厘米，个体较印澳蛤小很多，通常不超过1厘米，可谓是印澳蛤的迷你版。而在此之前，我并没有见过印澳蛤。

后来，我在海南省海口市东寨港的红树林林缘第一次发现印澳蛤，虽然是一堆被食用后倾倒的死壳。当时我的第一反应是斯氏印澳蛤居然能长到这么大！很久以后，我才知道那是另一个物种——印澳蛤。

一次，我在越南红树林边的大排档喝到一份特别的汤，它由一种双壳类的螺肉佐以一堆植物叶片制成，入口鲜甜。很显然，汤的主角是贝类，而且仅仅只放了一个！这样的汤通常说明这种贝类比较贵，比如酒店里常有的鲍鱼汤，例份的汤里通常也只有一个鲍鱼。由于喜爱贝类，我对于用贝类烹制的菜肴情有独钟，也会习惯性地想搞清楚食材中所使用的贝类种类。若端上来的菜肴里带着贝壳，会有助于识别和鉴定，但很多时候都只有脱壳后的肉，这就需要想其他办法，比如去海鲜池看未加工的原料，或者去后厨寻找被丢弃的壳。渐渐地，我也能通过菜肴里无壳的螺肉来鉴定一些经济贝类，但当时我对这种煮熟的螺肉并没有特别的印象，于是请服务员带我去看这种贝类的壳。在海鲜池前的贝类区，我发现了螺肉真身，原来是印澳蛤。

无论在哪个国家，人们对于经济贝类的食用标准都比较统一，无非是“产量大、易采集、口感好、肉多、营养丰富”这几点，类似印澳蛤这样的大型双壳类，便在可食用贝类的范畴，更何况它还因含有血红蛋白具备了许多贝类所没有的滋补特质，在菜肴里与鲍鱼这类较名贵贝类享受同样的待遇也不足为奇。

印澳蛤

第四章
蟹天蟹地

北方招潮：召唤潮水还是拉小提琴

物种小档案

中 文 名：北方招潮

拉 丁 名：*Gelasimus borealis*

科　　名：沙蟹科 Ocypodidae

属　　名：丑招潮属 *Gelasimus*

别　　名：北方丑招潮、北方凹指招潮、北方呼唤招潮、提琴手蟹、黄螯招潮蟹

分布区域：穴居于潮间带宽广的泥滩地。

在退潮后的潮间带，最常见的一类螃蟹是招潮蟹。有一种说法是雄性招潮蟹的大螯不断挥舞，像在召唤潮水的到来，早在三国时代就以“招潮”称之；又因为雄蟹用小螯清理大螯的动作和姿势犹如拉小提琴，所以也被称为“提琴手蟹”（Fiddler Crab）。

海南新盈红树林国家湿地公园里，退潮后的潮间带爬行的北方招潮

招潮蟹在潮间带的高潮带生活，只有潮水退了露出高潮带滩涂时才出来活动。所以“召唤潮水”在我看来并非它们的主观意愿，甚至很可能是天大的误解。因为潮水一来，它们就不能快乐地玩耍、求偶和觅食了，而必须抓紧时间返回洞里，等到下一次退潮时，才能顶开洞口的土块出来活动。

雄性招潮蟹有一个大得夸张的大螯和一个小得可怜的小螯

招潮蟹有共同的特征：雄性招潮蟹的一对螯足极不对称，其中的一个大螯特别大，相比之下，另一只小螯则小得可怜；而雌性招潮蟹则拥有一对同样大小的小螯足。

北方招潮（*Gelasimus borealis*）又称为北方凹指招潮或北方呼唤招潮，在招潮蟹中属于体形较大的种类。雄蟹的大螯，除了被误解为“召唤潮水”，在我看来真正的功能是打架（其实大部分时候是耀武扬威，有时将对方架住保持安全距离，或者直接推开）和求偶（显示雄性魅力，也许螯越大越有魅力），而另一只较弱的小螯，承担了所有的吃饭和梳理的功能。雌蟹则有一对小螯用于吃饭和梳理。

两只雄性北方招潮正在打架

一只雄性北方招潮正在用它的小螯“挠痒痒”

谈到吃饭，有人可能会问：“雄蟹只有一个餐具（小螯）用来进食，而雌蟹有一对餐具可以左右开弓，为什么雌蟹比雄蟹的个头小？”我觉得有两方面的原因：其一是雌蟹有一个重要的使命是当妈妈，因此它们吃进去的食物除了满足自身生长（营养生长）需要，更多的是为了未来的蟹宝宝（生殖生长）；其二是小螯不仅是餐

雌性北方招潮拥有一对小而对称的“餐具”

扫一扫，看视频
——招潮蟹

具，还是清洁工具，也许雌蟹更爱美、爱干净，它的一对小螯或许多用来清理和打扮了。

谈到吃饭，另一个有趣的问题就产生了——如果餐具丢了怎么办?作为食物链中下层的物种，北方招潮的一生难免要经历各种磨难。比如打架时容易将螯足或步足弄断，遇到捕食者时可能会将螯足或步足自断并逃生。好在螃蟹的足可以再生，只是需要一段时间。如果雌蟹丢失了一只小螯，至少还有一只可以用，但雄蟹就惨了，它们就只剩下大螯了。这时，作为具有极端失衡比例大螯的雄性北方招潮，会尝试用大螯进食，但几乎无法成功，因为笨拙的大螯无法将食物送到嘴里，此时，它还有最后一个办法:趴在地上用口器直接进食。其实，这不是雄蟹的专利，如果雌蟹的两只小螯都丢失了，它也会采取同样的进食方式。

在潮间带，许多招潮蟹的生态位是相似的，因此，不同种的招潮蟹常混生在一个区域，远远看过去，最明显的就是雄蟹的大螯。事实上，雄蟹的大螯包括不动指(下缘)和可动指(上缘)的颜色、表面颗粒、缺刻等综合信息是物种鉴定的依据之一。比如与北方招潮长相相似的凹指招潮，它们之间大螯不动指的缺刻就明显不同。

雄蟹的大螯很显眼

其实北方招潮并不是潮间带数量最多的招潮蟹，但却很显眼，很大程度上得益于雄蟹极度失衡的大螯，有时大螯甚至比其身体还大。对于人类而言，除了雄蟹的大螯还有点肉外，北方招潮并没有多少食用价值。红树林边的孩子在退潮时会到滩涂上讨小海，有时也会抓雄性北方招潮，但只是将其大螯掰断便放生。看起来有点残忍，但似乎也是一种可持续利用的方式，毕竟掰断的大螯还可再生。

关公蟹：
顶着伪装走天下

物种小档案

中 文 名：日本平家蟹

拉 丁 名：*Heikeopsis japonica*

科　　名：关公蟹科 Dorippidae

属　　名：平家蟹属 *Heikeopsis*

别　　名：关公蟹、武士蟹

分布区域：栖息于潮间带至130米深的浅海泥沙底，常用最后两对特化足勾住贝壳等物体置于背上。

蟹类大家族有众多奇形怪状的成员，它们大多数分布于深海，也有少数有趣的种类分布在潮间带。多到野外走走，兴许就会有收获。

我研究的是红树林里的大型底栖动物，尤其是贝类，需要挖土采样，因此开展工作前需要计算好当地的潮汐时间，选择最低潮前后下滩涂进红树林。有一次我在广西壮族自治区防城港市的红树林区开展研究，在退潮的潮沟里发现一个“海月”在水面朝岸边的方向漂。俗话说：“人往高处走，水往低处流。”退潮的时候，潮沟里的水是往海里流的，如果是漂在水面上的物体，也应该跟着水流方向往海里漂才对，为什么逆流而上呢？难道海月活体有漂在水面上逆流活动的习性？抑或是海月下面还有什么生物？

这引起了我强烈的兴趣，于是我蹚着水到潮沟里将海月捞起，发现其仅是一片海月壳，下面还藏着一只我从未见过的长相诡异的螃蟹。这只螃蟹身体非常扁，头胸甲上有夸张的凸起和凹

广西壮族自治区防城港市的红树林里发现的关公蟹（背面和腹面）

关公蟹最后两对步足末端特化为钩状，用于勾住贝壳等物体

陷的沟纹，构成了一张怒目圆睁、凶巴巴的脸，酷似关公，估计它因此被取名关公蟹。关公蟹的一对螯足很小，前两对步足又细又长，后两对步足移到了背面(头胸甲一侧)，缩短并在尾节特化为倒钩状，这样它背上就有了四个钩子，可以四平八稳地勾住比自身大的贝壳、树叶，甚至海胆，顶着它们同时利用四只细长的步足划水移动。

关公蟹为什么要顶着这些东西呢?如果发现动物的异常行为，通常与吃(丰富的食物来源)、住(安全的栖息环境)、行(移动)或繁殖(吸引异性，繁衍后代)有关。关公蟹的这个行为，也许与吃有关，比如它们的食物是水体表层的浮游生物，所以顶一个异物利于漂在水面获取食物；也许与行有关，顶一个异物有利于借助水流快速移动；也许与繁殖有关，顶一个异物更有利于吸引异性，异物越大或越奇特繁衍后代的概率越大；抑或是与住有关，顶一个异物可以起到遮蔽躲藏的作用，有可能它们的天敌在天上。当时，我还没有找到确切的答案，仅认为可能性较大的是与吃和住有关。

现在，我知道关公蟹的这种行为主要还是跟安全(住)有关。关公蟹分布于潮间带至浅海的泥沙质滩涂上，穴居，营底栖生活。在蟹类中，它们天生是个“懦夫”，身体扁平，没有强壮的身躯，螯足弱小，不发达，几乎丧失了打架的功能，因此，为了躲避敌害，它们常顶着一个“大帽子”出

从水面上看，正背着海胆游泳的关公蟹（贝壳 / 供图）

将海胆翻过来，可看到下面躲着关公蟹（贝壳 / 供图）

门，把自己藏在下面，使用障眼法。

如果被敌人识破，它们会迅速丢弃异物，用异物转移对方的注意力，从而逃之夭夭；若遇到敌害时忘带“大帽子”，那么关公蟹会撒腿就跑，要是跑不过被抓住某只脚，它们会毫不犹豫地将那只脚弄断，献给敌人，自己趁机逃跑。看来关公蟹不仅像关公，也精通《孙子兵法》“三十六计，走为上计”的精髓。关公蟹将脚弄断是一种自割现象，这对于它们而言比较容易，也并非特别痛苦，因为它们的脚上有特殊的割裂点，而且再生能力很强。而对以保命为第一要务的关公蟹，自断一只脚简直不值得一提。

在自然界，每一种蟹类都有自身的生存策略。有些依靠坚硬的外壳避难，有些挥动强壮的大螯抗争，有些蓄积有毒物质保命，有些长出尖刺用于恐吓和抵御，有些则是最直接的方法——逃跑。与逃跑法相比，关公蟹还是动了些脑筋的，至少它们还懂得借用外界的资源为自身服务。

背着贝壳的关公蟹（背面和腹面）

弧边招潮：会骗婚的雌蟹

物种小档案

中 文 名：弧边招潮

拉 丁 名：*Tubuca arcuata*

科　　名：沙蟹科 Ocypodidae

属　　名：管招潮属 *Tubuca*

别　　名：弧边管招潮、网纹招潮蟹、大螯仙、大脚仙

分布区域：分布于中、高潮带的淤泥质滩涂上，尤其是红树林周围。

雄性弧边招潮拥有一个大螯和一个小螯

在所有的螃蟹里，弧边招潮（*Tubuca arcuata*）是我的最爱，因为它量多、鲜艳、可爱、易观察。事实上，弧边招潮也是潮间带极常见的招潮蟹，通常分布于中、高潮带的淤泥质滩涂上，尤其是红树林周围。

与其他种类的雌性招潮蟹一样，弧边招潮的雌蟹也有一对对称的小螯，用于吃饭和清理。而雄性弧边招潮则拥有一个颜色艳丽且体积大到几乎抬不起来的大螯。认真观察，你会发现它们的大螯有的位于左边，有的则在右边，这到底是为什么？我想到了一个合情合理的原因：因为有些雌蟹喜欢左撇子，有些则喜欢右撇子，所以雄蟹的大螯就忽左忽右了。那么到底是左撇子多还是右撇子多？下次到潮间带大家要记得认真数一数！此外，雄蟹大螯的特征还存在个体差异，因蟹而异。有些雄蟹大螯的表面颗粒多且明显，有些则相对较少；有些大螯的下缘中间有个明显的齿（凸起），有些则没有。

扫一扫，看视频
——弧边招潮觅食

招潮蟹的“着装”在个体和年龄上均有明显差异。通常在夏天或初秋，滩涂上出现许多漂亮的甲壳为天蓝色的小螃蟹，在黑色淤泥的映衬下，仿佛一颗颗闪亮的蓝宝石，格外耀眼。其实，它们是屠氏招潮（*Tubuca capricornis*）的

滩涂上的弧边招潮

认真观察，你会发现招潮蟹的大螯有些位于左边，有些则在右边

幼蟹。随着幼蟹不断长大蜕壳，天蓝色逐渐消退，变为黄绿色或黑褐色。弧边招潮也存在这种现象，幼蟹在成长蜕壳过程中，甲壳逐渐增添了红色、黑色的花纹，但不同个体甲壳的色彩搭配差异性很大，有些是白底装饰黑色色块和红色花纹，有些是黑色为主间杂着白色和红色色块，有些则几乎全黑。

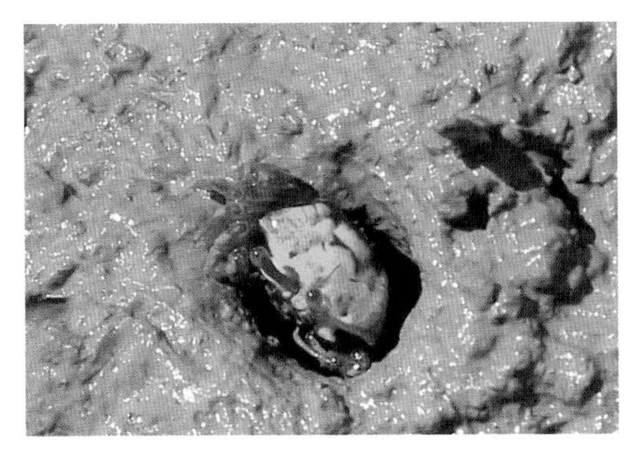

滩涂上甲壳为天蓝色的小螃蟹，在黑色淤泥的映衬下，仿若一颗颗闪亮的蓝宝石

弧边招潮是典型的穴居蟹类。它们是建筑大师，挖洞的本领高超，时常挖出一个复杂的洞穴系统。虽然洞里的复杂结构用肉眼无法直接观测，但从它们每次退潮涨潮时开、关门的技能便可知晓其在建筑领域的天赋。每次潮水一来，它们必须抓紧时间就近切一块跟洞口大小一样的土块运回去，堵住洞口，以防海水灌进洞里，从而保证洞里有足够的活动空间和氧气，等到下一次退潮时，再顶开洞口的土块出来活动。这种“开关门”的动作随着潮水的涨退周而复始的开展，但那一块封洞口的土块，每次都能切得恰到好处，盖在洞口严丝合缝，似乎每一只蟹都牢记洞口的规格，并随身带着尺子。

涨潮前，弧边招潮会就近挖一块与洞口大小相当的土块，将其拖回洞口盖得严丝合缝

雄性弧边招潮用附近的泥巴堆成平滑浑圆的烟囱状洞口

雄性弧边招潮非常重视婚礼，它们甚至总结出了“求婚四部曲”。

首先，雄蟹必须拥有一只傲人的大螯，用于吸引雌蟹，但仅靠大螯想抱得美人归并不现实；其次，有学者认为在繁殖期雄蟹的大螯上下挥舞，可能是一种“求偶舞”，用来增加自己的吸引力；再次，富有建筑天赋的雄蟹还会用附近的淤泥堆成平滑浑圆的烟囱状洞口，好似火山口，形成一个显眼的标志，当雌蟹受捕食者惊吓慌不择路时，突出的烟囱显然是一个首选的安全区，这便增加了雄蟹与雌蟹亲近和交配的概率，此外，雄蟹还会站到烟囱上跳“求偶舞”，耸立的舞台和靓丽的舞步更容易吸引雌蟹的目光。

最后，弧边招潮也追求“房产”！雄蟹会邀请雌蟹进洞参观自己挖的“婚房”，看看是否挖得规整、安全、宽敞，只有在雌蟹参观完“婚房”并满意了，婚事才算定了。看来，招潮蟹择偶也得先看房产，无法免俗。

然而，最近的一个研究显示，雌蟹存在普遍的“骗婚”现象。无论是否对某只雄蟹感兴趣，只要有邀约，雌蟹都会钻到洞里看个究竟。该研究认为，雌蟹的这种行为很大程度上不是为了比较“婚房”从而选定夫君，而是为了把周围的洞探个清楚，未来万一有危险，可以快速地就近钻洞躲藏或逃跑，因为这些洞的构造和路线它们都已经搞清楚了。

我只想说：雌蟹们的心机好难猜，雄蟹们都好单纯！

准备进洞视察“婚房”的雌性弧边招潮

角眼切腹蟹：舞蹈大神

物种小档案

中 文 名：角眼切腹蟹

拉 丁 名：*Tmethypocoelis ceratophora*

科　　名：毛带蟹科 Dotillidae

属　　名：切腹蟹属 *Tmethypocoelis*

别　　名：角眼拜佛蟹、体操蟹、拜佛仔

分布区域：多群居于河口附近有咸淡水的细沙滩或红树林滩涂。

扫一扫，看视频——短指和尚蟹挖洞

我由于研究红树林和大型底栖动物，每次进入红树林都会习惯性地低头往滩涂上看。有一次我到海南省新盈农场的红树林考察，发现这里的蟹类资源极其丰富，弧边招潮、长足长方蟹、短指和尚蟹、双齿拟相手蟹、台湾厚蟹，等等。它们在不同的生境出现，让人目不暇接。当我俯身观察一只台湾厚蟹的进食行为时，眼睛的余光瞄到远处好像有什么东西迅速动了几下，抬头望过去，似乎什么也没有，估计是自己用眼过度眼花了，于是我又把视线拉回眼前的台湾厚蟹，没过多久，远处的快速"比画"又跳进余光中，我立刻调整头部方位以及眼睛的焦距，认真搜索滩涂表面，还是没有什么发现。就这样反复几次，我断定那里肯定有动物，只是可能由于个头较小、警惕性高或者有很好的保护色，不容易观察。于是我继续调整姿势，将望远镜对准大致的区域，安静地等待。

过了一会儿，一只很小的螃蟹怯生生地从洞口探出来，认真观察着周围的动静，确认没有危险后，才完全走出洞口。这时，意想不到的一幕发生了！这家伙居然开始跳舞了。很显然，它天生好动，一对大螯可以在一秒内连续做完经典的"小苹果"舞蹈动作、指挥交通动作、标准的投降动作，然后收回到正常位置，好像什么也没发生过！紧接着，又重复做一套动作，再重复做一套……有时重复做了3～4套，才安静下来认真吃饭，有时要连续做7～8套。但是吃着吃着，又突然举手"投降"了！简直就是间歇性发作。原来这是一只角眼切腹蟹（*Tmethypocoelis ceratophora*），在台湾地区又叫角眼拜佛蟹。

退潮后，角眼切腹蟹跑到滩涂上活动。它们个体小，警惕性高，一边吃饭一边“做操”，如果不仔细观察，很难发现它们的踪迹

角眼切腹蟹体形小，成蟹头胸甲宽仅约1厘米，略呈长方形。头胸甲和步足大多是灰褐色至黑褐色，与其栖息的泥沙质滩涂几乎融为一体，是极佳的保护色。角眼切腹蟹这个中文名很有趣，名字里的“角眼”很好理解，其雄蟹眼睛上有一个尖尖的突起，但是“切腹蟹”是什么意思？有人认为它的舞蹈动作太特殊，像日本武士切腹自杀，所以称为角眼切腹蟹。我认为“切腹”貌似太血腥了，还是角眼拜佛蟹好听些，它的一些动作确实像虔诚的佛教徒在顶礼膜拜，非常形象。当然，如果让我给它起中文名，我会叫它“角眼投降蟹”，形象、生动、有趣。其实，切腹蟹的中文名源于其拉丁属名*Tmethypocoelis*，是很忠实的翻译。tmethy是切开、分开的意思，而pocoelis就是“下方的盖子”，*Tmethypocoelis*描述的是切腹蟹的腹部特征，而与日本武士切腹自杀之类的故事无关。

由于角眼切腹蟹太爱做操，在广西壮族自治区北海市，人们将它称为“体操蟹”。我将角眼切腹蟹的这一系列动作编成一套“角眼拜佛蟹操”，在给小朋友做科普时带着他们一起跳。跳完操，我会让大家思考它们跳舞的原因，获得的大多数答案是：它们做操是为了促消化，以便吃得更多。事实上，角眼切腹蟹做操只有两个目的：其一是宣示领地，发出警告；其二是吸引异性，求偶。为了让潜在入侵者和未来对象看到，它们有自己的策略：首先，动作夸张，幅度很大；其次，重复做操，频率很高，平均6秒重复做一次；最后，目标明显，有鲜亮的颜色，或形成明显的反差。它们的大螯呈白色或青白色，与黑褐色或灰褐色的体色以及泥沙滩的背景形成鲜明的反差，同时，大螯的关节内侧有两处鲜亮的橘红色。这三种策略并进，可确保信息准确有效地传达。

角眼切腹蟹分布于日本、印度尼西亚，以及中国的广东、海南等地，大多在红树林周围或河口附近咸淡水水域的泥沙质滩涂上栖息，常群居。它们以有机碎屑、腐殖质和微型藻类为食，对生活环境的质量要求高，是很好的环境指示种。

角眼切腹蟹做操时有一系列规定动作，笔者将其改编成了一套“角眼拜佛蟹操”

角眼切腹蟹有很好的保护色，与环境融为一体。你能找到它吗

角眼沙蟹：帅气的短跑健将

物种小档案

中 文 名：角眼沙蟹

拉 丁 名：*Ocypode ceratophthalmus*

科 名：沙蟹科 Ocypodidae

属 名：沙蟹属 *Ocypode*

别 名：沙马仔、幽灵蟹、屎蟹

分布区域：分布于高潮带靠近陆地的干燥沙滩上，挖洞穴居。

除了韦氏毛带蟹、圆球股窗蟹这些专注于制造拟粪的小不点儿，沙滩上的常住蟹还有体形更大的沙蟹，它们是隶属于沙蟹科（Ocypodidae）沙蟹属（*Ocypoda*）蟹类的统称，有一对特别大的眼睛、宽而深的眼窝、四对修长的步足和一大一小的螯足，并且都在潮间带沙滩上挖洞穴居。

沙滩上的一只雌性角眼沙蟹，拥有四对细长的步足和一对不对称的螯足

常见的沙蟹中，体形最大的是角眼沙蟹，也是我个人最喜欢的沙蟹。雄性角眼沙蟹的头胸甲可达5厘米，两侧步足完全伸展后全长可达25厘米，站立时高约10厘米，加上隆起的近方形的头胸甲和棱角分明的外形，酷似一个威风凛凛、骁勇善战的骑士。

扫一扫，看视频
——角眼沙蟹

角眼沙蟹有一对长圆形的眼睛，更有趣的是眼睛的顶端还长有一个角状突起，好似顶在眼睛上的天线。雄蟹眼球上的角状突起特别明显，通常个体越大，角状突起越长，有些可以达到眼球长度的两倍。雌蟹或幼蟹的角状突起则较短或不明显，有时也没有突起。这样看来，角状突起的特征在成年雄蟹的眼睛上特别显著，而且个体越大的雄性，通常角状突起越突出。高耸在眼顶的角状突起犹如一对直入云霄的长矛，充分展示了雄蟹的魅力，更易于吸引雌蟹，此外，角状突起也对其他生物起到威慑的作用。

沙滩上硕大的雄性角眼沙蟹的洞口，可以想象洞中住客的个头有多大

如果要评选蟹类的“博尔特”，那角眼沙蟹一定是不二之选。沙蟹在沙滩上的移动速度非常快，完全可以用“一闪而过”来形容，这得益于其修长的步足，以及又长又尖的步足上的指节，让它们成为穿上了“钉鞋”的短跑健将。角眼沙蟹在快速奔跑时常将身体拱起，腹部不着地，同时将最后一对步足收起，仅利用其他三对步足的快速交替运动就实现了沙滩上的飞奔，因而在闽南语里也称为“沙马仔”。其实，角眼沙蟹不仅是蟹类中的短跑冠军，陆地上其他的无脊椎动物也没有比它跑得更快的了。

角眼沙蟹分布于高潮带靠近陆地的干燥沙滩上，挖洞穴居。洞的入口处通常倾斜，便于出行，整个洞呈斜L形。洞口外常可见扇形喷射状的小沙堆，这是它们挖洞时运出的沙土。角眼沙蟹的个体越大，洞口越大，洞穴也越深。我曾在夏威夷的海滩研究一只超大的雄性角眼沙蟹的洞穴，其洞口约15厘米宽，而深度足有80厘米，以至于我的整个手臂都伸进去才勉强探到底。角眼沙蟹昼伏夜出，我猜测最主要的原因可能是白天太热，容易脱水。虽然它们在高潮带干燥的沙滩上掘穴，对干燥和日晒有一定的耐受力，但毕竟还是蟹类，以鳃呼吸，就离不开水。因此它们白天躲在洞里，减少因高温而引起的水分散失。此外，它们的第二对和第三对步足之间靠近基部的位置具有一簇片状刚毛，通过毛细作用从潮湿的沙里吸收水分，从而保持鳃的湿润并维持正常的呼吸。所以观察角眼沙蟹应选择夜晚，而且蟹类对光源都比较敏感，即使在狂奔中也会短暂停顿，便于观察。

虽然角眼沙蟹个头大、长相凶，自带具有威慑力的长矛，奔跑迅速，但它毕竟是无脊椎动物，所以也有自身躲避威胁的策略。角眼沙蟹幼蟹的颜色与沙滩相近，这是很好的保护色，减少了被捕食的概率；当角眼沙蟹遇到威胁时，首先想到的是跑；如果来不及跑或跑不过，就会用步足将身体撑起来，有角状突起的成年雄蟹还会高高举起它的长矛，同时挥舞两只螯足，试图威慑对方；若威慑不起作用时，在干燥沙地的环境里，它们会将步足、螯足和眼睛快速收起，蜷缩成团，尽可能贴近地面，转换为臣服姿态，或者干脆装死；而在湿润的沙滩里，它们会以最快的速度挖坑将自己埋到沙子里，只露出一对长长的眼睛在地表观察动静，如果确实有危险，它们会继续往沙子里钻，同时，眼睛和长矛快速收回到又宽又深的眼窝里；如果此时在潮水线附近，它们会迅速冲到潮水中，钻进下面的沙滩里，消失得无影无踪。

遇到危险时，角眼沙蟹会以最快的速度挖坑，将自己埋到沙子里，只露出一对长长的眼睛在地表观察动静

角眼沙蟹幼蟹在津津有味地取食昆虫

说到吃，角眼沙蟹实在太不讲究了！它们可以像其他沙蟹科蟹类一样挖沙子滤食里面的有机碎屑，也可以吃沙滩上的动物尸体，嘴馋了还会去抓些昆虫或小型蟹类如股窗蟹、和尚蟹来改善伙食，所以，它们的洞口常常出现其他动物的残骸。

有一次，我在金门岛的沙滩上观察一只抱

满卵的雌性角眼沙蟹，发现了一些有意思的现象。当潮水涨上来时，雌蟹会冲向潮水，将要碰到潮水线时突然刹车，然后将靠近海水一侧的步足朝下压，靠岸另一侧的步足往上拱，身体也自然向潮水涌来的一侧倾斜，这个动作反复做了很多遍，当然眼睛上有异物时，它会伸出位于口器旁的颚足进行清理，而不是使用大螯。这种姿势和重心的调整能够让其在海浪的冲刷中不至于被冲走，但为什么它要不停地做这个动作？是否海浪的冲刷有助于卵的孵化？这个疑问尚未解开。

笔者在金门岛的沙滩上观察一只抱满卵的雌性角眼沙蟹

沙蟹还有一个别称叫“幽灵蟹”，这与它们的变色能力有关。据说沙蟹都具有不同程度的变色能力，有些甚至在受到惊吓后会由红色迅速变成深褐色，因而有人笑称它“被吓得面无血色。”关于变色的现象，我尚未仔细观察，不过我猜想角眼沙蟹的变色能力肯定比自带红色的斯氏沙蟹弱些。

笔者在美国夏威夷州的檀香山海滩观察一只硕大的雄性角眼沙蟹

双齿拟相手蟹：切叶小能手

物种小档案

中　文　名：双齿拟相守蟹

拉　丁　名：*Parasesarma bidens*

科　　　名：相手蟹科 Sesarmidae

属　　　名：拟相手蟹属 *Parasesarma*

别　　　名：蛮牛、双齿近相手蟹

分布区域：分布于红树林的林下根系附近，有些个体会在根系周围掘穴生活。

众所周知，红树林是蟹类的天堂，殊不知蟹类也为红树林生态系统做出了重要贡献，它们之间是互惠共生的关系。

红树林是大食堂，通过丰富的凋落物（落叶和果实、胚轴等繁殖体）为蟹类提供充足的食物；同时，红树林是大公寓，通过复杂的根系系统为蟹类提供安全的栖息环境。而蟹类通过大量挖洞造穴、改良土壤通气条件，进而促进红树植物生长；通过啃食落叶等凋落物促进凋落物的分解、物质和能量的循环；通过选择性啃食幼苗，减小红树植物间的竞争压力，还可对红树林的群落结构起到修饰作用。

有些相手蟹科蟹类是爬树能手，图中这只蟹爬到白骨壤树枝上“乘凉”

住在树洞里的相手蟹科蟹类

作为海洋四大生产者之一的红树林，拥有丰富的凋落物。试想，一片完整的落叶若仅依靠微生物分解，需要较长的时间，但若被撕碎剪烂，大部分被吃掉并消化，剩下的碎屑通过微生物分解所需的时间就大大缩短，进而促进整个生态系统的物质和能量循环。

据研究，蟹类在这个过程中起着至关重要的作用，一些蟹类的主要食物为红树林凋落叶，而方蟹科（Grapsidae）蟹类对红树植物的繁殖体情有独钟。当然，蟹类在选择凋落物作为食物时也有自身的基本标准，就是“好不好吃”以及“有没有营养”。同样是叶子，对蟹类而言新叶比老叶更有吸引力，因为营养更丰富；再看繁殖体，被蟹类啃食最多的是白骨壤的繁殖体，因为它的单宁酸含量低，食用口感好。

躲在红树植物根系间的双齿拟相手蟹（背面）

既然谈到了以红树植物凋落物为主要食物的蟹类，就不得不提隶属于相手蟹科的双齿拟相手蟹（*Parasesarma bidens*）。双齿拟相手蟹分布于红树林的林下根系附近，有些个体会在根系周围掘穴生活。它们通常头胸甲呈绿色，螯足呈黄色至红色，简称“绿身黄足”，最显著的特征是头胸甲前侧缘眼窝侧的“双齿”。

涨潮时，它们会爬到红树植物树枝上，取食嫩叶或繁殖体，退潮后，它们又回到滩涂上寻找凋落物。

双齿拟相手蟹在退潮后的滩涂上寻找凋落物

双齿拟相手蟹是切叶小能手，在取食掉落的树叶时，两只螯有明确的分工与协作，通常一只螯负责夹住叶片边缘，从而固定叶片，另一只螯则负责撕扯叶肉送入嘴里。有一次，我发现一只双齿拟相手蟹正旁若无人地钳食一根人类丢弃的烟头。看起来它对这个特殊的“食物”兴趣很高，完全可以用如获至宝来形容。没过多久，烟嘴表面的纸已经被它消灭殆尽。这让我想到两个问题：一是烟嘴表面的纸都是纤维，难道它更喜欢吃纤维？取食树叶也主要是为了获取纤维？二是它或许是被烟头的特殊味道吸引？当然，这个观察得到的最重要的警示是：不要随地乱扔垃圾！

双齿拟相手蟹是切叶小能手

在海南的东寨港，渔民把双齿拟相手蟹称为“蛮牛”，并广泛捕捉食用。每年七八月份是蛮牛最多的时节，人们算好涨潮的时间，在天黑后带着手电筒到红树林里抓蛮牛。因为涨潮时，蛮牛都爬到树干上，有时一根树干上多达十几只，在夜晚用灯光一照就呆住了，此时它们只能“束手就擒”。其实蛮牛肉少，口感也不好，通常只能用来做蟹酱。双齿拟相手蟹除了吃树叶和繁殖体，它们还是团水虱的克星。团水虱对红树林的危害极大，它们蛀蚀红树植物树干基部和根系，导致红树植物易倒伏甚至死亡。前些年，东寨港严重的富营养化水体，导致团水虱大面积暴发，很多红树植物倒伏、死亡。因此，海南东寨港国家级自然保护区管理局于2013年颁布禁令，禁止进入保护区捕捉蛮牛。

“双齿拟相手蟹-团水虱-红树林-人类”是一个有趣的案例，揭示了生态系统中物种之间相互依存、互惠共生、相生相克的因果关系。显然，人类也是其中的一员。人类一方面破坏环境、污染水体导致团水虱大爆发，另一方面又过度捕食团水虱的天敌双齿拟相手蟹，于是红树林就被大面积破坏。当台风暴潮来临时，失去了海岸“绿色长城”的庇护，最终遭殃的还是人类。

如果知道过度消费蛮牛制作的蟹酱，可能导致人类的生命财产安全受到严重威胁，你还会吃吗？

一只双齿拟相手蟹在钳食人类丢弃的烟头

韦氏毛带蟹：
创作沙画的艺术家

物种小档案

中 文 名：韦氏毛带蟹

拉 丁 名：*Dotilla wichmanni*

科 名：毛带蟹科 Dotillidae

属 名：毛带蟹属 *Dotilla*

别 名：沙蟹

分布区域：多分布于高、中潮带的沙滩或泥沙质滩涂。

在环境较好、人为干扰较小的沙滩，常常能看到沙滩的表面由许多大小一致的小沙球装饰而成的“花朵”。仔细观察，虽然每朵花造型各异，但花朵的中心都有一个小圆洞，而这些小沙球则围绕小圆洞呈辐射状排列，似乎没有特殊的规律。原来，这些沙画是毛带蟹科（Dotillidae）韦氏毛带蟹（*Dotilla wichmanni*）的杰作。

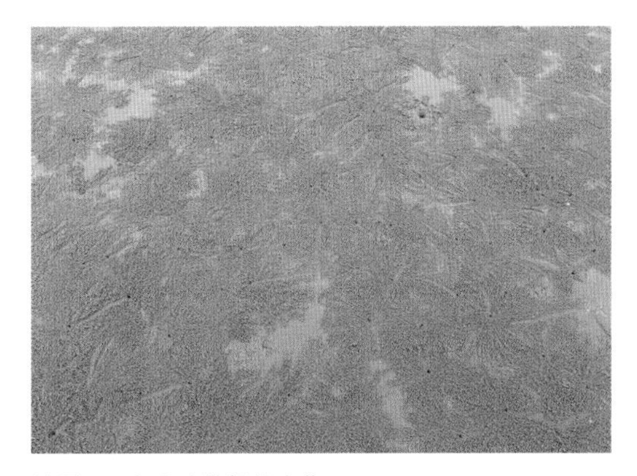

沙画——韦氏毛带蟹的杰作

韦氏毛带蟹个头很小，头胸甲略呈球形，宽约1厘米，体色与沙滩颜色相近，这就形成很好的保护色，如果不仔细观察，很难发现它的行踪。对于个体小巧的韦氏毛带蟹而言，广袤的沙滩让它们有足够的空间创作沙画，通常不会挤到一起，但也有例外的时候。如果两只韦氏毛带蟹产生冲突，就会通过打架来解决问题。它们打架很有趣，面对面，各自的两只螯足互相夹对方的螯足，最后的一对步足往上撑，剩下的三对步足彼此纠缠，像两个相扑选手在较量。

正在打架的韦氏毛带蟹

我在厦门湾和金门岛的沙滩上认真观察过

退潮时韦氏毛带蟹都在“创作”，一边不停地吃吃吃，一边不停地扔扔扔

沙滩上布满拟粪，构成一幅幅千变万化的沙画

不同沙蟹科蟹类拟粪的大小差异很大

韦氏毛带蟹作画的过程。退潮后，它们就从洞里爬到沙滩上，在确认没有危险后便开始进食，它们的食物是混在沙子中的有机碎屑和微型生物。韦氏毛带蟹用两个灵巧的小钳子不断地将表面的沙子挖到嘴里，过滤其中可食用的物质，再把沙子吐出来，沙子在口器下逐渐团成球，最后通常由右边的螯足将小沙球从口器里取下来往右侧方甩出去，再经过右侧步足的接力，放在沙滩上。整个过程非常迅速，大约只需要15秒。与此同时，新的沙球已经在口器上开始生成。所有小沙球都非常圆润，且大小几乎一致。这到底是如何做到的？难道它们带了计数器，算好往嘴里放几钳子沙子就可以丢掉了？还是它们的口器上安装了微型秤，待小沙球到达重量时就挖下来扔掉？不得而知！沙滩里可食用的物质非常有限，为了能吃饱，几乎在整个退潮期间，韦氏毛带蟹都在不停地吃和扔。

这些小沙球被称为“拟粪”，这是相对于粪便的一个名词。我们知道粪便是食物经过动物的消化系统最后通过肛门排遗产生的废弃物，而韦氏毛带蟹丢掉的这些废弃物“沙球”，并没有经过消化道，只是在口器里进行了过滤，这与粪便有本质的区别，所以以“拟粪”称之。

除了韦氏毛带蟹，一些其他的沙蟹科蟹类也会制造拟粪，比如圆球股窗蟹（*Scopimera globosa*），俗称喷沙蟹或捣米蟹，它也是制造小沙球的高手。根据种类的不同，拟粪的大小、形状和排列方式都会不同。

韦氏毛带蟹似乎天生是艺术家，它们在吃饭的过程中制造了一颗颗小沙球，并用小沙球在广袤的沙滩上“画出”变幻万千的图案。大多数图案由成百上千颗沙球组成，犹如盛开的花朵。

当然，它们的警惕性很高，一旦察觉有风吹草动就会一溜烟儿钻到洞里，或者像短指和尚蟹一样以迅雷不及掩耳之势原地螺旋钻入沙中，因而创作时常会被打断，等察觉没有危险后它们才会钻出洞口继续进食和创作。大量的韦氏毛带蟹同时作画，使整片沙滩充满了自然的生机与艺术的激情。

然而，再壮观的沙画作品，在潮间带也是昙花一现，转瞬即逝。涨潮时，艺术家已经早早钻回洞中，而它们创作的这些艺术品被潮水毫无保留地推平。直到下一次退潮后，沙滩又变成了一张白纸，它们又会陆续钻出洞口开始新一轮创作。

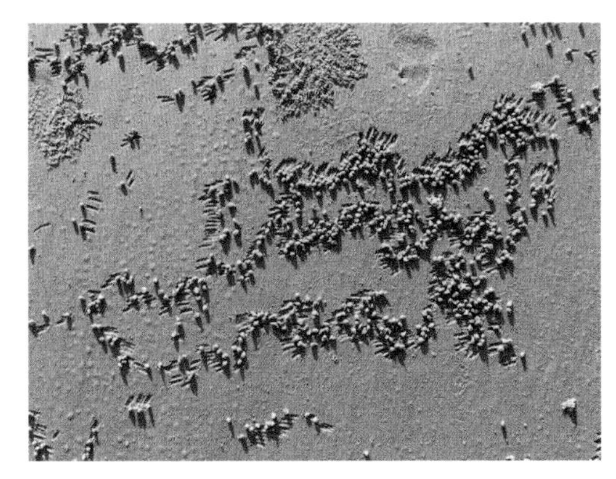

拟粪旁有清晰可见的大螯挖沙子进食留下的痕迹

大量的韦氏毛带蟹同时作画，使整片沙滩充满了艺术感

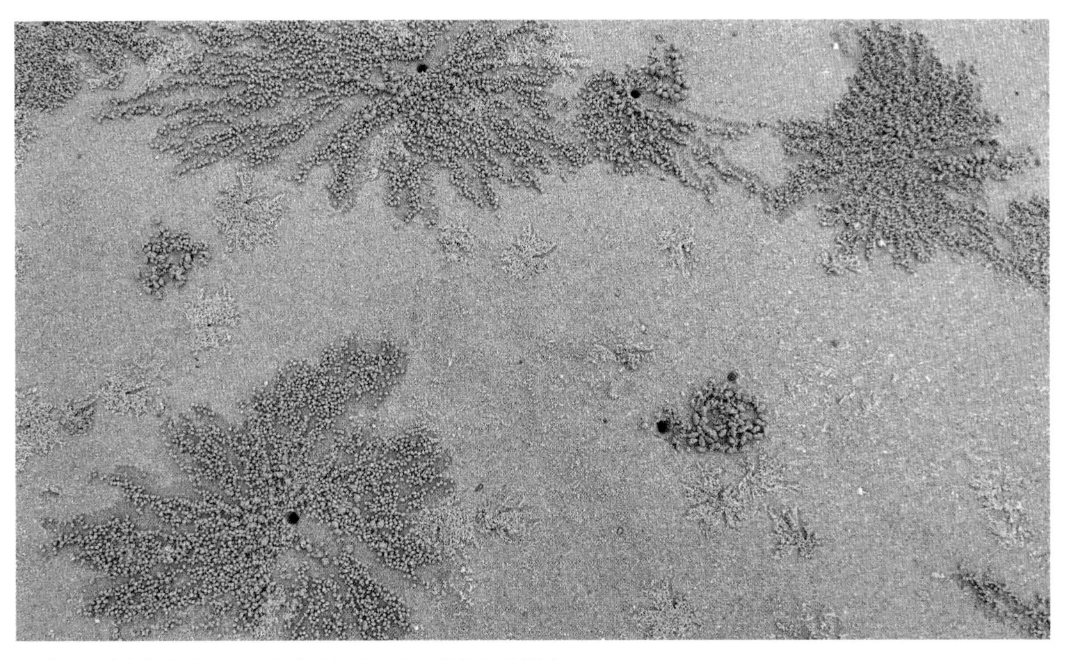

沙滩上各式各样的沙画，有些像花骨朵，有些像怒放的鲜花

短指和尚蟹：
谁说螃蟹都是横行霸道

物种小档案

中 文 名：短指和尚蟹

拉 丁 名：*Mictyris brevidactylus*

科　　名：和尚蟹科 Mictyridae

属　　名：和尚蟹属 *Mictyris*

别　　名：沙蟹、沙和尚、长腕和尚蟹

分布区域：常成群结队生活在潮间带沙滩或泥沙质滩涂。

中文博大精深，有不少来源于动物。比如歇后语“一群螃蟹过街”，对应的是成语“横行霸道”。“横行霸道”用在螃蟹身上再好不过了，一方面因为螃蟹是横着走的，另一方面也因为许多螃蟹看起来很凶，是“蛮横，仗势做坏事”的化身。

沙滩上成群结队的短指和尚蟹（卢刚 / 供图）

其实，并非所有的螃蟹都是横着走的，短指和尚蟹就是一个例外。

短指和尚蟹（*Mictyris brevidactylus*）隶属于和尚蟹科（Mictyridae），个体不大，长相可爱。它的头胸甲宽约1厘米，呈淡蓝色，圆球形，表面略隆起且光滑，形状神似和尚的光头，这也是其"和尚蟹"名称的由来。与其他螃蟹一样，它也有四对步足和一对螯足。步足白色且细长，基部有一截红色，好似穿了8只袜口为一大截红色的长筒足球袜；螯足白色，不太强壮，并呈现一定弧度的外凸，乍一看还以为是受伤后螯足变畸形了。它长了一对与身形完全不匹配的小眼睛，眼柄短，远看像一个肉包上洒了两颗很不起眼的芝麻。

短指和尚蟹的小眼睛眼柄短，远看像肉包上的黑芝麻

奇特的长相与它的生境密切相关。短指和尚蟹生活在河口潮间带的沙泥滩上，取食泥沙中的有机质。每当潮水退去，它们便纷纷钻出来，边走边不停地用两个螯足挖泥沙同时往嘴里塞，并快速从中过滤出可食用的有机物后，将泥沙吐出，周而复始。它们需要赶在泥沙未完全干透前的几小时抓紧时间进食，以便迎接下一次涨潮。与大部分螃蟹不同，短指和尚蟹是直着向前走路的，有时也向斜前方走，且步伐飞快。它们的警惕性颇高，与人之间的安全距离约为8米，一旦超过安全距离或有风吹草动，它们立刻就地钻洞，一眨眼工夫就消失得无影无踪，只留下一大片疏松的沙土。

短指和尚蟹是钻洞高手，它们遇到危险时能以“迅雷不及掩耳之势”螺旋打洞，瞬间消失得无影无踪

在潮间带食物网中，短指和尚蟹扮演的是初级消费者的角色，同时也是许多更高级消费者的食物来源，比如水鸟。

在水鸟眼中，短指和尚蟹是无法抵御的美食，为了不被吃光，短指和尚蟹也有自己的生存策略。第一，量大。短指和尚蟹以量取胜，在外出觅食时常常组成成千上万只的庞大队伍，犹如泥沙滩上的军团，弄得鸟儿眼花缭乱，无从下嘴，即便被吃掉一些，对于种群的繁衍也无大碍。第二，钻洞小能手。短指和尚蟹遇到危险时会就地钻洞，此时，细长的步足配合着灵活的螯足以顺时针方向螺旋向下挖掘，而圆球形的身体加上刚好“贴合身体弧度”的螯足，减小了阻力，完全可以用“迅雷不及掩耳之势”形容，当然，挖洞的深度有限，通常就在表层下2～3厘米的位置。第三，装死。短指和尚蟹落单后，在来不及挖洞或者被从洞里挖出来时，还有最后一个绝招——装死，它们会将步足和螯足紧贴身体，蜷缩成一个球，一动不动，哪怕被推着滚了好几圈，也无动于衷。试想，若是一只鸟用喙将装死的和尚蟹拨着滚了出去，它还没有动

在滩涂上活动的短指和尚蟹

静，那么鸟可能觉得自己搞错了，而直到鸟更换目标前，装死的和尚蟹一定都在心里默念：“看不到我！看不到我！看不到我！”

学会了上述三招，短指和尚蟹的生存概率大幅提升，但再怎么聪明，也斗不过人类。在广西的北海市，有一道特色美食“沙蟹酱”，就是用短指和尚蟹制成的。在和尚蟹成熟的季节，人们选择夜间退潮时戴着头灯、拿着扫把和畚斗到海边“扫”螃蟹。夜间退潮时大量的短指和尚蟹钻出来觅食，密密麻麻布满了潮间带，而它们在夜晚对光线敏感，头灯的强光照射会使其短暂失明，从而行动迟缓。此时，人们只要拿着扫把，顺着地面将和尚蟹往畚斗里扫，不费多少功夫就能装满一畚斗，一个晚上收获10千克完全没问题。抓到的和尚蟹经过清洗、除沙、去杂质、舂碎、腌制，就成为美味的“沙蟹酱”。

因此，对于长得萌、直着走、勤打洞、爱装死的短指和尚蟹，“横行霸道”这个成语完全不适用。

两只正在打架的短指和尚蟹，它们打得很用心，几乎将所有的脚都用上了（卢刚 / 供图）

第五章
特殊住客

大弹涂鱼：
滩涂吸尘器

物种小档案

中 文 名：大弹涂鱼
拉 丁 名：*Boleophthalmus pectinirostris*
科　　名：弹涂鱼科 Periophthalmidae
属　　名：大弹涂鱼属 *Boleophthalmus*
别　　名：花跳、泥猴、跳跳鱼、海狗
分布区域：多分布于中、低潮带的泥质滩涂。

2015年，一位研究和保护萤火虫的学者，跟我讨论他儿子正在使用的语文教材里的一篇关于弹涂鱼的课文，因为存在不少值得商榷的科学性问题。后来，我也专门写了一篇《"弹涂鱼爬树吃蜗牛"到底有什么问题?》的文章，从"弹涂鱼会上树吗?""红树植物树上有蜗牛吗?""红树植物树上的海螺会吃光树叶吗?"以及"弹涂鱼吃蜗牛吗?"几个方面来分析里面存在的科学性错误。

弹涂鱼生长于潮间带，常分布于红树林里。中国的红树林区常见的弹涂鱼有三种：弹涂鱼、大弹涂鱼、青弹涂鱼。为了适用潮间带暴晒、潮汐、高盐等特殊的生境，弹涂鱼也演化出许多特殊的结构和适应性。

弹涂鱼生长于潮间带，常分布于红树林区

三只弹涂鱼爬到了红树植物的树干上

弹涂鱼被称为"两栖"鱼类，它们既能在水里生活，又能短暂离开水在滩涂表面活动。它们有发达并特化的胸鳍，可跳跃或依靠胸鳍爬行，因此也被称为"跳跳鱼"；此外，它们的腹鳍特化为类似吸盘的结构，能够吸附于物体上，因此有些种类的弹涂鱼可利用腹鳍爬到树干或礁石上，但离地高度通常不超过1米。

它们有一对位于头顶，可以独立运动的眼睛，这有助于它们趴在泥滩里能全方位观察周围的状况，以便遇到危险时及时逃脱；另外，它们的眼睛可以快速回缩到富含水分的眼窝里，从而应对退潮后潮间带灼热的高温。它们依靠鳃在水里呼吸，又能够靠大嘴巴（鳃腔）饱含一口水而获取足够的氧气，同时湿润的皮肤也可辅助呼吸。

弹涂鱼有一双炯炯有神的大眼睛（王文卿 / 供图）

在常见的几种弹涂鱼中，我对大弹涂鱼情有独钟。退潮后，红树林边的滩涂充满生机，各种动物纷纷出来做运动。在相对泥泞的潮沟边，常可发现大弹涂鱼的身影。大弹涂鱼通常不爬树，它们只在滩涂表面活动。它们钻出洞口，伸了伸懒腰，将大嘴巴贴到淤泥表面，一边缓慢爬行一边摇头晃脑，犹如工作中的吸尘器，其实它们是在吃滩涂表面的底栖硅藻，这是它们的主要食物，此外，它们也吃一些微小的动物。吃着吃着，它们会突然在泥水里打两个滚，然后再继续做其他的事。虽然它们是鱼中异类，喜欢离开水活动，但是并不能持续太久，它们在泥水中打滚能够使皮肤保持湿润，有助于呼吸及抵御潮间带的高温。

扫一扫，看视频
——大弹涂鱼

大弹涂鱼的体侧和头部散布着亮蓝色的斑点，它有非常夸张的背鳍。雄性大弹涂鱼有较强的领域行为，当它们在滩涂上特别是洞口周围活动时，若有其他大弹涂鱼靠近或招潮蟹挥舞大螯耀武扬威，它们就会被激怒，表现为将鳃腔鼓起、张大嘴巴、两眼圆瞪、背鳍高扬以宣示领地，甚至打架。

雄性大弹涂鱼有较强的领域行为，当领地被侵犯时会被激怒，甚至打架

大弹涂鱼毕竟还是鱼类，完全暴露的生活并不安全，于是洞穴就是重要的庇护所。由于生活在潮间带，潮水难免会破坏洞穴，但它们是挖洞高手，会钻进洞口对洞穴进行修复，而大嘴巴就是挖洞工具。它们一趟又一趟地钻到洞中，用嘴挖出一块土块并含着，爬出洞口将土块吐掉，然后继续钻进洞中，直到洞穴修好。通常，它们的洞呈"Y"形或"U"形。大弹涂鱼平时独居，只有在繁殖季节雌雄鱼才会居住在一起，随后，雌鱼会将卵产在藏于洞穴中露出水面的安全孔道里，因为这里的氧气含量相对于水中更丰富，有助于鱼卵的生长和孵化，然而氧气也消耗很快，于是大弹涂鱼便钻出洞口，张大嘴巴饱含一口空气，再钻进洞口潜入水中，沿着洞穴游到卵所在的安全孔道里，将嘴里的空气吐出，随后又一遍遍重复空气搬运的工作，以保证安全孔道里有充足的氧气。

繁衍后代是所有生物的重要目标，为了达成这个目标，它们需要付出大量的努力，也需要一定的智慧。对于求偶，在滩涂上活动的雄性大弹涂鱼其实压力很大。首先，周围的雄性大弹涂鱼数量不少，它们必须各自占有并维护一定的领域，通过张嘴鼓腮、竖起背鳍来展现自身的雄性魅力；其次，滩涂上有各种土堆、树枝、贝壳或其他凸出物，并不是一望无际的，于是，雄性大弹涂鱼就时不时从地面上高高跃起，在空中展现优美的身姿，从而吸引雌鱼的目光。

雄性大弹涂鱼从地面高高跃起（冯尔辉 / 供图）

龟足：
礁石区的“四不像”

物种小档案

中 文 名：龟足

拉 丁 名：*Capitulum mitella*

科　　名：指茗荷科 Pollicipidae

属　　名：龟足属 *Capitulum*

别　　名：狗爪螺、石蜐、鸡冠贝、笔架、鸡脚、佛手贝、观音掌

分布区域：生活在海浪强烈冲刷的高潮带礁石区，常依靠柄部成群固着在岩石缝隙中。

大家都知道，麋鹿被称为“四不像”，因为它头脸像马、角像鹿、蹄像牛、尾像驴，集齐了四种动物的元素。其实，在惊涛骇浪的海岸礁石区，也有一种“四不像”，有人认为它像狗爪、鸡冠、鸡脚或龟脚，甚至与佛和观音有关，这就是龟足（*Capitulum mitella*）。

龟足（图中黄绿色的个体）披有石灰质壳板，常常与状如小火山似的藤壶（图中灰黑色的个体）做邻居

龟足，俗称狗爪螺、石蜐、鸡冠贝、笔架、鸡脚、佛手贝、观音掌等。因其披有石灰质壳板，常被人误认为是贝类。实际上，它与各种藤壶都是隶属于节肢动物门甲壳纲的蔓足类动物。二者的区别在于，龟足是依靠柄部固着的“有柄”类，藤壶则是盖起“小火山”直接固着的“无柄”类。如果非要攀亲戚，它与各种藤壶是近亲，和虾蟹是远亲，但与贝类毫无亲缘关系。

龟足的结构分为头状部和柄部。它的头状部侧扁，由8块白色的壳板结合成一个壳室，壳板外包裹着一层牢固的壳皮，有些是黄褐色，有些是紫色，有些则是灰色，形状很像乌龟的爪子；壳室的基部围绕着一圈小小的三角形侧板，好似房子的地基。它的柄部也侧扁，长度略短于头状部，外表完全被椭圆形石灰质的小鳞片紧密覆盖，呈黄褐色或浅褐色，像极了乌龟脚上的皮肤。因此，人们将其称为龟足或龟脚是非常形象的。

龟足生活在海浪强烈冲刷的高潮带礁石区，常常依靠柄部成群固着在岩石缝隙中。它的柄部肌肉非常发达，当遇到危险时柄部肌肉会快速收缩，将相对软弱的柄部藏进岩缝中，仅留下卡在缝隙外的坚硬的大门紧闭的石灰质壳板；当海水涌来时，柄部肌肉松弛伸展，整体可随水流摆

龟足外表完全被椭圆形石灰质的小鳞片覆盖，呈黄褐色或浅褐色，像极了乌龟脚上的皮肤

市场上售卖的龟足

动，此时大门开启，羽毛状的蔓足伸出壳室，在海水中尽情绽放，滤食海水中的有机碎屑和浮游生物等食物。

也许是惊艳于龟足“开花”，清代的郭柏苍在《海错百一录》中描述：“秋生冬盛。来年正月得春雨，软爪开花如丝，散在甲外。”其实深究的话，这里的描述还是有科学性的错误，因为龟足“开花”是在捕食，只要水位合适时都会“开花”，与季节和雨水无关。

龟足雌雄同体，为了保持种群的健康发展和后代的遗传多样性，它们通常异体受精。在繁殖季节，龟足利用比壳室长数倍的交接器伸到周围的龟足壳室内，完成受精过程。当环境恶劣时，它们才会选择自体受精，毕竟，繁衍下去才有希望。受精卵孵化后是浮游的无节幼体，之后发育成金星幼体继续浮游，当遇到合适的岩缝时，金星幼体便分泌物质粘住岩缝，最后变态为小小的龟足，并终身固着于此。

可以想象，如此频繁使用、伸缩自如的柄部肌肉，口感一定不差。南宋的福州地方志《三山志》中便有记载：“龟足，以形名，坳中肉美，大者如掌。”龟足可白灼也可爆炒，煮熟后用一只手捏住头状部的石灰质壳板，另一只手沿着壳室下端将柄部粗糙的外皮撕掉，露出的“鲜肉”口感似蟹肉，味道鲜美。龟足是配酒佳肴，可食用的“鲜肉”虽不多，却广受追捧。闽南人像嗑瓜子一样“磕”龟足，再小酌一杯，畅谈人生。

其实论口感与美味，龟足比不上它的一个大名鼎鼎的亲戚，被誉为“来自地狱的海鲜”的鹅颈藤壶（*Pollicipes pollicipes*）。鹅颈藤壶分布在大西洋东北部沿岸常年被海浪拍打的高潮带岩缝中。退潮时，一些被称为“藤壶猎手”的采集者会冒着生命危险利用绳索、撬棍等工具采集鹅颈藤壶。

龟足和鹅颈藤壶喜欢定居在海浪激烈冲刷的岩石缝隙中，但它的亲戚们并不都是这样。

比如斧板茗荷（*Octolasmis warwicki*）喜欢固着在虾蟹的甲壳上；鹅茗荷（*Lepas anserifera*）虽然也遗传了家族固着生活的传统，但按捺不住一颗漂泊的心。它们另辟蹊径，定居在漂浮物上，乘着风和洋流环游世界，看尽美景。海边的漂流木甚至泡沫板上，经常能发现鹅茗荷的踪迹。

有一次，我们在海南省文昌市考察红树林湿地，涨潮了，大家纷纷上岸准备返程。突然，有个村民从潮间带拖回一根长约4米的大竹竿，斜架在堤坝上。竹竿的一面全是鹅茗荷，其中有不少还不停地扭动着，时不时张开壳板，伸出羽状的蔓足，做出捕捉食物的动作。鹅茗荷与龟足在结构上有明显的区别，比如鹅茗荷的壳板只有5枚；柄部较头部更长；柄部黄褐色，表面较光滑，没有鳞片覆盖，像极了迷你象鼻。

在某些网络百科词条解释中，我发现有人将鹅茗荷的词条用来描述昂贵的鹅颈藤壶，其实这是两个结构、分布区域、生境都完全不同的种。至今仍未听闻有人食用鹅茗荷，估计其味道平平。否则，据人类的智慧，这种附着于漂流物上大量繁殖的生物，肯定会被大面积养殖。

附着在蟹壳上的斧板茗荷和藤壶

鹅茗荷喜欢附着在漂浮物上随洋流漂流

扫一扫，看视频
——鹅茗荷

海参：别惹我，否则喷“牙膏”

物种小档案

中 文 名：黑海参

拉 丁 名：*Holothuria atra*

科　　名：海参科 Holothuriidae

属　　名：海参属 *Holothuria*

别　　名：黑怪参、黑狗参、黑参

分布区域：栖息于沙质底潮间带或珊瑚礁区。

从陆地到海洋，依次出现红树林、海草和珊瑚礁生态系统，其中绝大部分的红树林、一部分的海草和很少的珊瑚礁分布于潮间带。在中国，能完整看到这三类滨海湿地的自然海岸线已经不多了。

海草床

我在陆地上跑不过别人，在海里又游不过别人，而且之前还没考潜水证，无法探索水里的海洋世界，所以每到一个靠海的地方，我都是优先选择去潮间带探秘（其实是不得已，只能去潮间带）。论生物多样性，有礁石或砾石的区域比淤泥质滩涂和沙滩都要丰富，如果这样的区域恰恰在红树林的下缘，分布着海草，最低潮时还能露出一点珊瑚礁，那就是最完美的潮间带了！

斑锚参

有一次，我去印度尼西亚的蓝梦岛考察，在岛上就找到了一片“完美”潮间带。靠岸的高潮带分布着红树林，边上是一段较原始的沙滩，往下走便是广阔的海草床，间杂着一些礁石和珊瑚礁残骸。海草床分布着卵叶喜盐草、海菖蒲等海草，还有南方团扇藻、香蕉菜等各种大型藻类及十余种螃蟹：比如躲在海草里瞪着红眼珠的光手酋妇蟹、轮廓分明的铜铸熟若蟹、酷似外星怪物的长满藻类的覆毛羊角蟹，以及浑身长满毛的蝙蝠毛刺蟹等。当然，还有各种海星、海胆、海蛇尾和海参。那次刚好赶上大潮期，退潮后海草床靠海的外侧露出了一些珊瑚礁，这让我喜出望外，因为不需要浮潜或潜水也能开展一些珊瑚礁生态系统的观察。

细长的斑锚参在水中伸出羽状触手，随着海水摆动

边走边看，我的注意力很快被一只半米长的斑锚参吸引。它正在积水的浅滩里一边缓慢移动一边挥动羽状触手，捕捉水中的食物并大快朵颐。对于斑锚参而言半米还是个“小矮子”，据记载它们最长可长到2米。事实上，除了薄薄的皮囊，斑锚参的身体里都是水，让人感觉稍微用点力就能将它扯断。

海参是一类爱自残的生物，尤其是遇到危险时。最典型的代表是脆怀玉参，它们在遭遇危机时常常将自己的肠子排出，供捕食者享用，自己趁机逃跑，在环境适宜食物充足时，只需大约十天肠子就会重新长成。这里分布着另一种喜欢自残的海参——黑海参。黑海参时常将自己的身体裹上细沙，而在背上留出两列不规则的“圆形天窗”。黑海参有一个毛病，它常常“自缢”。它先将头部抬起，然后扭转两圈，再将头尾分离（看到此处是不是就觉得很疼？）。只需半个月左右，原本分离的头尾便会成为两只完整的黑海参。这是一种特殊的无性生殖方式——断裂生殖，棘手乳参和非洲异瓜参也掌握了这种本领。

黑海参拥有特殊的无性生殖方式——断裂生殖

由于身体柔软且行动缓慢，海参很容易成为被攻击和捕食的对象。在海参家族中，为了减少被捕食的概率，延续种群的基因，除了脆怀玉参的“吐肠逃跑”术和黑海参的“自缢增生”术，它们还持有特殊的防御武器。黑海参在遇到强烈刺激时，体表皮肤会分泌紫黑色液体，这些液体不仅能搅浑水体影响捕食者的视线，还是黑海参的化学武器，具有麻醉作用。另一类武器是偏物理性的武器。部分海参具有居维氏管（Cuvierian tubules），这是一个位于海参呼吸树基部的结构，因最早由古生物学家乔治·居维耶（Georges Cuvier）描述而得名。比如图纹白尼参遇到刺激时，位于肛门里的居维氏管会喷射出黏丝，这些黏丝遇水迅速膨胀，犹如快速挤出的牙膏，具有特殊的异味，还有极强的黏性，其黏性不亚于502胶。我的手曾被它喷出的“牙膏”粘住，清洗了很长时间才洗干净。

图纹白尼参遇到刺激时，位于肛门里的居维氏管会喷射出黏丝

这片海草床“牙膏”的品牌不仅有“图纹白尼参”牌，还有“黑斑白尼参”牌。黑斑白尼参在受到刺激时也是将“牙膏”从居维氏管经肛门挤出，但形状却与图纹白尼参有很大差异，看起来像长了一头飘逸的白发。不过，经过我的手指检测，“黑斑白尼参”牌的“牙膏”没有黏性。

所以，不要欺负看起来柔弱的海参。一不小心，你的手可能就会被粘住。

黑斑白尼参的“牙膏”看起来像长了一头飘逸的白发

笔者的手曾被图纹白尼参喷出的“牙膏”黏住

笔者用手指捏着黑斑白尼参，仔细观察它

海陆蛙：
唯一生活在咸淡水的蛙类

物种小档案

中 文 名：海陆蛙

拉 丁 名：*Fejervarya cancrivora*

科　　名：叉舌蛙科 Dicroglossidae

属　　名：陆蛙属 *Fejervarya*

别　　名：食蟹蛙、海蛙

分布区域：唯一一种能生活在咸淡水区域的两栖类。白天多隐蔽在洞穴或红树林根系周围，傍晚才出来觅食。

两栖类动物是动物界由水中生活到陆地生活的一个重要的过渡阶段，既保留了从鱼类继承来的水生性状，比如产卵和幼体（以鳃呼吸）生活离不开水，也演化出了适应陆生生活的成体特征，比如以肺呼吸，以及利于陆生生活的运动、循环等系统。

由于尚处于原始的陆生进化阶段，两栖类动物肺的呼吸功能相对不足，它们需要依靠裸露且时常保湿的皮肤来辅助呼吸。裸露的皮肤对高温和高盐非常敏感，高温易造成皮肤干燥甚至脱水，高盐同样会造成脱水，进而影响其呼吸和生存。因此，两栖类通常生活在潮湿、遮阴的地方，昼伏夜出，也惧怕盐度高的环境。

全世界目前已知的唯一一种生活在咸淡水交界的潮间带的两栖类动物，便是分布于红树林区的海陆蛙（*Fejervarya cancrivora*，又叫海蛙、红树林蛙等），其活动范围一般不超出咸水环境50～100米。它们也是昼伏夜出，白天多躲藏在红树植物的根系或洞穴中，傍晚才跑到滩涂上觅食。它们的主要食物是蟹类，也捕食小鱼、小虾、贝类和小型昆虫，因此又被称为“食蟹蛙”。

海陆蛙

在高盐、高温、高紫外线的潮间带生活，海陆蛙需要解决许多两栖类无法逾越的难题。首先是盐度，绝大多数的两栖类在盐度超过10‰的水体中便无法生存，因为在这样的盐度下它们裸露的皮肤会开始脱水，但海陆蛙的整个生命周期都可以在咸淡水中完成，成体（蛙）的耐盐能力很强，能在28‰盐度的水体里生活，而其幼体（蝌蚪）的耐盐能力更是“逆天”，甚至可以在39‰的咸水中生长发育。

据科学家研究表明，海陆蛙的耐盐能力与血浆中高的盐离子浓度以及肾脏中高的尿素浓度有关，此时，裸露的皮肤类似半透膜结构，体内因高浓度的盐离子和尿素而较体外的咸水具有更高的渗透压，于是咸水中的水分可以被吸收进入皮肤，而盐离子则被挡在外面；其次是日晒和高温，海陆蛙通常也是昼伏夜出，日间太阳大、温度高时其多在树荫下、洞穴中，同时保持皮肤湿润，这样就解决了日晒和高温的问题。但它们产卵离不开水，繁殖季节雌蛙将卵产在咸水水坑或小水塘中，孵化出来的蝌蚪也在这里生活，潮间带日间阳光的直晒可使它们生活的水体温度达到40℃以上，可见海陆蛙的卵和蝌蚪的耐高温和日晒能力超强，这在两栖类中也是绝无仅有的。

萌萌的海陆蛙有很强的耐盐能力

海陆蛙主要分布于东南亚的红树林区，中国是其自然分布的北界，在海南、台湾、广东、广西等地区均有分布，以海南为主。我知道中国的红树林里有海陆蛙，所以在过去的十几年里一直在寻找，可惜见到的活体寥寥无几，而且离得很远，其警觉性又高，很难拍到好照片。我早前在文昌市发现一只死去已久的海陆蛙的尸体，如获至宝，还认真摆拍了半天，权当有个记录。万万没想到，海陆蛙在新盈农场的种群很稳定，比较容易见到。

海陆蛙昼伏夜出，喜食螃蟹

躲在红树林里的海陆蛙，有很好的保护色，不仔细找，很难发现它们的踪迹

躲在树洞里的海陆蛙，只探出脑袋观察周围的动静（朴祥镐 / 供图）

以前海陆蛙在海南的东寨港和清澜港的红树林区种群稳定、数量较多，当地人也捕捉海陆蛙食用。随着人为的环境破坏和污染，栖息地质量下降，加上过度捕捉等因素导致海陆蛙的种群数量迅速减少。类似的现象在东南亚的其他国家也有出现，比如印尼是东南亚最大的蛙腿贸易输出国，其中75%的蛙腿是海陆蛙，这导致当地海陆蛙种群数量的急剧下降。

作为两栖类中的佼佼者，海陆蛙对于潮间带的适应性和生理机制具有重要的生态价值和科研价值。然而，因为人为干扰、破坏、捕食等种种原因，海陆蛙的种群数量正迅速下降，亟待人们关注和保护。

海蟑螂：潮间带的清道夫

物种小档案

中 文 名：海蟑螂

拉 丁 名：*Ligia exotica*

科　　名：海蟑螂科 Ligiidae

属　　名：海蟑螂属 *Ligia*

别　　名：海岸水虱、海蛆

分布区域：多分布于高潮带的礁石区或人工设施缝隙内，有时也在红树植物的树干上穿行。

海蟑螂，此蟑螂非彼蟑螂

曼妙的潮间带孕育了丰富多彩的物种，有讨人喜欢的，也一定会有让人讨厌的。如果非要选一种潮间带最让人讨厌的生物，估计十个里至少有八个会毫不犹豫地选择海蟑螂。作为“四害”之一，蟑螂的繁殖力强，破坏力高，传播疾病，还到处排遗，让人深恶痛绝，看到的第一反应可能就是让它灭绝！

可怜的海蟑螂，因为名字里带了“蟑螂”二字，被人们深深地误解了。其实此蟑螂非彼蟑螂！海蟑螂并非人们熟知的“蜚蠊目”昆虫，甚至连昆虫都搭不上边，只是因为外形像蟑螂，又在海边生活，被冠以“海蟑螂”的名号。

海蟑螂是隶属于等足目的甲壳类动物。等足目动物（等足类）体形通常较小，有7对大小及形态相似的脚。等足类有一些赫赫有名的物种，比如寄生在鱼舌头上的缩头鱼虱，在红树植物树干基部钻洞危害植株的团水虱，当然最出名的代表是憨态可掬的大王具足虫。等足类是非常原始的生物类群，其化石最早可追溯至3亿年前的石炭纪，而海蟑螂是海洋等足类向陆地进化的过度类群，具有重要的研究价值。

海蟑螂体扁呈椭圆形，体长通常不超过3厘米；头部有一对大大的复眼；除头部外，身体分为13节，其中胸部7节，每节各有一对足，而腹部为6节，每节腹面各有2块薄膜。海蟑螂是水陆两栖动物，大部分时间在陆地（海岸礁石区）活动，它们在水中或陆地上都利用这12块薄膜呼吸，但前提是薄膜必须保持湿润。

扫一扫，看视频
——海蟑螂

笔者在福建省泉州市惠安县拍摄的海蟑螂

海蟑螂异常敏捷，移动迅速，在布满藤壶和牡蛎的礁石上也能健步如飞

弹涂鱼也是水陆两栖动物，它们离开水体到滩涂上活动时，会依靠湿润的皮肤辅助呼吸，但是风吹日晒，皮肤很快就干燥了，因此它们每隔一段时间就要找个水坑打滚，把全身打湿了，再继续到滩涂上活动。对比弹涂鱼，海蟑螂应该也需要每隔一段时间到湿润的地方把腹部薄膜沾湿，才能继续到处活动。

海蟑螂主要分布在高潮带礁石区，常成群结队出没。它虽不是真正的蟑螂，但与蟑螂有个共同点：跑得飞快。据说它的步足每秒能动16步，可评为海岸礁石区的“博尔特”。脚这么多、活动频率这么高而没有相互绊到，它是怎么做到的？海蟑螂反应非常灵敏，只要有风吹草动，它们便迅速消失得无影无踪，通常都是躲进岩缝中，或者藏到石头下面。大部分时间，海蟑螂都是在陆地上活动，但遇到危险时，它们也会往水里钻。我在潮间带做研究和自然观察，常常看到黑压压的一片海蟑螂大军，有时是在礁石区，有时是在码头附近，有时也会在红树林的树干上，对于治疗密集恐惧症有奇效。据报道，2014年台风威马逊登陆前，广东省湛江市赤坎区观海长廊的石柱甚至树干上，爬满了成千上万只“上岸避难”的海蟑螂，石柱和树干像是定做了一件“海蟑螂”保护壳，再猛烈的台风也不怕。

海蟑螂食性杂，以有机碎屑和生物尸体为食，可谓之“潮间带的清道夫”。试想一下，一大群海蟑螂扫荡，加上各种织纹螺和寄居蟹的助攻，大多数中小型的生物尸体基本被啃干净了。它们也喜欢吃藻类，对于人工养殖的紫菜等经济藻类具有一定的危害。作为优良的免费鱼饵，海蟑螂是垂钓爱好者的福音，据说很多种鱼类都喜欢海蟑螂这种食物。但首先要解决的是，该如何抓住飞奔的礁石区“博尔特”呢？智慧在民间。利用海蟑螂喜食腐的特点，人们在光滑的水桶里放入臭鱼臭虾，置于高潮带礁石区，作为简单的陷阱，很快就能吸引到许多贪吃的海蟑螂自投罗网。当然，在夜间打着手电筒照射，海蟑螂在灯光下会短暂“呆滞”，原地不动，这时徒手捕捉就比较容易，但也是要考验手速的。此外，海蟑螂还有一定的药用价值。

总之，海蟑螂比蟑螂好多了。只是因为长得像蟑螂，被人类误解了无数代。因此，不能单凭外貌决断它的性质。

鲎：
来自远古的“夫妻鱼”

物种小档案

中 文 名：中国鲎

拉 丁 名：*Tachypleus tridentatus*

科　　名：鲎科 Limulidae

属　　名：亚洲鲎属 *Tachypleus*

别　　名：马蹄蟹、海怪、夫妻鱼、海底鸳鸯

分布区域：主要生活在浅海沙质海底，繁殖季节常成对出现在盐度较低的河口，尤其是红树林区。

与许多海洋生物一样，我对中国鲎的认知，也是始于儿时的餐桌。

福建人有吃鲎的习惯。从记事起，每到夏天的傍晚，老家涵江的大街上就会出现好几个临时的卤肉摊，主要售卖各种卤味、咸菜、腌蟹等下酒菜，摊上时常也有金灿灿的鲎卵、乳白色的鲎肉，以及黑色细长的鲎脚分类摆盘。卤肉摊架上挂着一盏昏黄的白炽灯，三三两两的食客在摊边的矮凳坐下，就着各种下酒菜，喝酒吹牛，一直到深夜。那时的我最中意卤鸡腿，隔三岔五就缠着家人买一个解馋。偶尔家人也买一些鲎脚、鲎卵回来，配酒加餐。大概到我上高中时，卤肉摊上已经难觅鲎的踪迹。后来，中国鲎的资源越来越少，它成为福建省重点保护野生动物，捕捉、贩卖、食用中国鲎都是违法的行为。

鲎在英文中俗称马蹄蟹（Horseshoe crab），在中国民间常被称为“夫妻鱼”，其实鲎既不是蟹也不是鱼，它隶属于肢口纲，是比恐龙还古老的“活化石”。

肢口纲始于寒武纪，在志留纪和泥盆纪趋于繁盛，在三叠纪（约2.4亿年前）开始衰亡，如今仅鲎科的物种存活。2008年科学家在加拿大马尼托加巴湖的奥陶纪地层中发现了目前已知最古老的“月盾鲎”化石，这种距今约4.45亿年的鲎的祖先已经与现代的鲎一样有了三段式身体结构。我国贵州的罗平生物群三叠纪地层中，也发现了距今约2.5亿年的鲎化石。

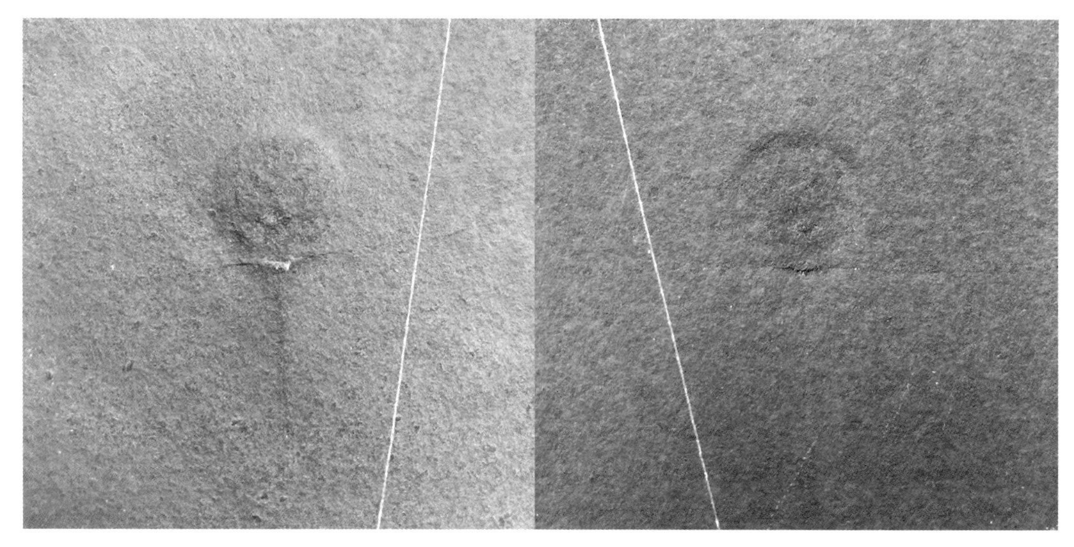

贵州的罗平生物群三叠纪地层中的鲎化石（正负模）

来自远古的鲎带来了古老生物的模样和印记，许多沿海地区的人们称为“海怪”。鲎的长相太怪异，类似一个残留着藤蔓的大葫芦，以至于许多人误将其头尾颠倒来认知。我小时候第一次见到活的鲎是在大院里的邻居家，一开始误以为长有尖尖的“剑尾”一侧是它的头部，圆圆的“大葫芦底”是它的尾部，直到它开始爬行，才发现原来是反过来的。

鲎是三段式身体结构，分为头胸部（覆盖头胸甲）、腹部（覆盖背甲）和尾部（剑尾）。头胸甲的前端有一对小眼睛，只能感光，而在其两侧有一对对称的大复眼，具有成像的功能，可以加强所看到的图像的反差。人们研究了鲎复眼的原理，将其应用于一些电视机和摄像机的研发。除了这4只眼睛外，鲎还有6只眼睛；头胸甲下有6对附肢，其中第一对成为螯肢，是吃饭的“餐具”，用于捕捉食物，其他五对是步足；背甲的两侧有6对缘棘，主要功能是防御；背甲的腹面是像书页一样的5对书鳃，通过书鳃的扇动呼吸，也辅助游泳；尾部是一根长长的锋利的剑尾，横截面为三角形，主要的功能是防御，但是鲎在侧翻、仰倒时，必须依靠剑尾的支撑才能翻身。

南宋罗愿的《尔雅·翼》中写道：“雌常负雄，虽风涛终不解，故号鱼媚。失雄则不能独活，渔者取之必得其双……”，描述了鲎在繁殖季节借高潮上岸雌雄交配产卵时的场景。每年6～9月份的大潮时，体形更大的雌鲎会背着雄鲎集体到高潮线附近的粗沙质沙滩产卵。此时，渔民捕捞到的鲎都是成双成对的。在整个繁殖季，雌鲎都毫无怨言地背着雄鲎，密不可分，唯一的分开时段，是雌鲎在沙滩里产卵后，雄鲎才爬下去释放精子让卵群受精。为了实现“雌鲎背着雄鲎，雄鲎牢牢抓住雌鲎”这种亲密无间的状态，雄、雌鲎在结构上都有一些特化。比如雌鲎背甲缘棘的后三对变短，几乎不突出，而雄鲎的第二对和第三对附肢特化为钩子状，刚好可以紧紧勾住雌鲎背甲后三对缘棘特化的位置，同时，雄鲎头胸甲的前缘特化出一个凹陷处，有助于趴在雌鲎背上时严丝合缝地控住隆起的雌鲎头胸甲的后部。

整个繁殖季，雌鲎都毫无怨言地背着雄鲎，密不可分，渔民称它们为“夫妻鱼”

鲎通过蜕壳长大，在退潮后的滩涂上，若运气好能捡到鲎蜕的壳

孵化出来的幼鲎常会爬到红树林周围的淤泥质或泥沙质滩涂生活，取食浮游生物和有机碎屑等，通过不断的蜕壳来长大，但其生长缓慢，5岁的幼鲎仅1元硬币大小。鲎的爬行很有意思，会形成明显的川字形“鲎道”。

它们在泥滩上爬行，位于前方的头胸甲类似推土机，在表面留下一条平坦的道路，而位于后面的剑尾，则在路中央留下细细的刮痕。退潮时，幼鲎喜欢将自己藏在泥里，但只要注意找川字形的鲎道，在鲎道的尽头，一定能找到躲藏的幼鲎。这样看来，鲎确实太厚道了！

幼鲎常会爬到红树林周围的淤泥质或泥沙质滩涂生活

全世界现存的四种鲎，分别是中国鲎、圆尾蝎鲎、南方鲎和美洲鲎。在中国分布的有中国鲎和圆尾蝎鲎，南方鲎分布于东南亚部分国家，美洲鲎只分布于北美地区。中国鲎与圆尾蝎鲎有很多不同点：中国鲎无毒，而圆尾蝎鲎有毒，广西常报道人因误食圆尾蝎鲎而中毒的案例；中国鲎的剑尾横截面是三角形，而圆尾蝎鲎的剑尾横截面呈圆形，这也是它名称由来的原因；中国鲎是大型鲎，雌鲎体长（含剑尾）最长可达85厘米，而圆尾蝎鲎是小型鲎，雌鲎体长（含剑尾）最长仅为30厘米。我第一次拍摄雌鲎背雄鲎移动的场景，是在海南省文昌市会文镇的红树林里，当时潮水还未退干，一对圆尾蝎鲎从我身边慢慢游到红树林中，我激动得差点把相机都丢进海里。

古厝上雕刻着中国鲎的石墩

鲎为人类的医疗健康做出了无法取代的重要贡献。鲎的血液无色，因其中含有铜离子，在遇到氧气后会显蓝色。利用鲎的血液制成的鲎试剂，在制药、医疗器械和食品工业领域可用于细菌类毒素污染的监测；此外，科学家还发现鲎的血细胞中提取的鲎素具有显著的抗菌、抗肿瘤和抗病毒的特性。

鲎在民间有许多美好的寓意。因其成双成对出现，渔民称为“夫妻鱼”“鸳鸯鱼”，寓意忠贞不渝的爱情；在福建省闽南地区的方言发音中，鲎与“孝”和“好”同音，寓意传统孝道，以及家庭和美，因此其常被刻在老宅的木雕或石柱上。早年除了食用，在闽南地区鲎的头胸甲被制成“鲎勺”，是盛粥和舀水的利器，而其腹甲在金门则被彩绘成辟邪物“虎头牌”，悬挂于门楣上。

由于栖息地丧失、环境污染和过度利用等因素，中国的鲎族群数量急剧下降。研究数据表明，中国南海的北部湾一带的中国鲎在20年间种群数量就下降了90%以上。鲎，穿越了亿万年的时光，闯过了5次生物大灭绝来到我们身边，可不能在我们这几代人手里灭绝！

好在近几年鲎的保育受到了应有的重视。2019年3月，世界自然保护联盟（IUCN）将中国鲎列为濒危（EN）物种；2019年6月，第四届国际鲎科学与保护研讨会发布《全球鲎保护北部湾宣言》，将每年的6月20日定为“国际鲎保育日”；2021年2月，调整后的《国家重点保护野生动物名录》正式公布，中国鲎和圆尾蝎鲎升级为国家二级保护动物。

闽南地区用鲎的头胸甲制成的“鲎勺”，它是盛粥和舀水的利器

寄居蟹：
背着蜗居走天下

物种小档案

中 文 名：长螯活额寄居蟹
拉 丁 名：*Diogenes avarus*
科　　名：活额寄居蟹科 Diogenidae
属　　名：活额寄居蟹属 *Diogenes*
别　　名：白住房、干住屋
分布区域：多分布于中、低潮带泥沙底，寄居于螺壳内。

背着“蜗居”走天下的寄居蟹

大家对寄居蟹一定不陌生。只要到人为干扰较小的海边，无论是沙滩、泥滩，还是礁石区，通常都能找到寄居蟹，它们有时还扎堆群居。它们食性杂，如有机碎屑、藻类、动物尸体等都能吃，因此也被称为“清道夫”。寄居蟹通常背着一个壳生活，它们到底是不是螃蟹呢？

在做自然教育时，我们常常强调螃蟹是10只脚（2只螯足和8只步足），因为许多绘本和动画片里出现的螃蟹都是8只脚（2只螯足和6只步足）。通常我们所说的螃蟹隶属于十足目，与蟹类同样在十足目的还有各种虾类和寄居蟹类。因此，严格来说，寄居蟹不是我们常说的螃蟹，但它们之间有亲缘关系，而且是近亲。从外观上看，寄居蟹只有6只脚（2只螯足和4只步足），其实它还有4只缩小并特化的脚，用来支撑螺壳的内壁，起到稳定身躯的作用。

扫一扫，看视频
——寄居蟹

寄居蟹通过蜕壳长大，蜕壳后还需要“换大房子”。这只寄居蟹从原来的“蜗居”中爬出，正在沙滩上寻找新房子

这些密密麻麻的疣滩栖螺中，其实都住着寄居蟹

“蜗居”是近几年很流行的网络用词，意指现在房价越来越高，无论买房或租房都很贵，住的房子好比蜗牛的壳那么小，只够自己住。寄居蟹是自然界“蜗居”的典型代表。它们只找刚好合适自己身体的螺壳住，最多预留一点点的空间。在生长的过程中，寄居蟹要换很多次螺壳。换壳的原因有些是因为身体蜕壳逐渐长大，原来的螺壳无法容纳而需要更大的壳；有些是因为螺壳磨损褪色而需要换一个更鲜艳、更漂亮的壳，还有些是因为受到其他生物的攻击，原本的螺壳损坏而需要换更坚固、更安全的壳。

寄居蟹对螺壳有选择性，同样“内容积”的螺壳，寄居蟹一定会选择最新鲜、鲜艳的那一个，而不会选择完全褪色、磨损很严重的那一个。曾经有一个纪录片在近海海底拍摄，一个长约20厘米的海螺正被其他海洋生物攻击，最后肉被吃光。在整个过程中，这个海螺的周围陆陆续续聚集了好几只寄居蟹，它们爬出原来的窝，时刻紧盯着捕食者的动静，一旦捕食者吃完离开，这些寄居蟹便争先恐后钻进这个异常新鲜且鲜艳的螺壳。最后，只有一只寄居蟹胜出，背走了它的新家。我也曾在潮间带做过小实验，观察一些准备“换家”的寄居蟹对螺壳的选择，发现寄居蟹确实会选择一堆螺壳里最新鲜、鲜艳的那一个做窝。

对于螺壳的选择，我猜想寄居蟹可能有一定的“审美观”，喜欢新鲜、鲜艳的螺壳，喜欢新房子。另外，新鲜的螺壳更耐用，可以住很久。但是否新鲜和鲜艳的“房子”也有利于吸引异性和求偶？目前还不得而知。

寄居蟹有很多种，不同种的寄居蟹对贝壳的需求是不同的。有些身体侧扁，适合住芋螺、宝螺，有些身体肥硕，适合住蝾螺、岩螺。但可以肯定的是，小型的寄居蟹不会住螺内空间超过自己身体太多的螺壳，一方面是负重过大，不方便移动，另一方面是不利于躲避捕食者，因为遇到危险时它们即便缩进去，过大的螺壳也会空出许多可以让捕食者乘虚而入的空间。此外，身体侧扁的寄居蟹也不会选择螺内空间宽大的螺壳，反之亦然，因为身体肥硕的寄居蟹无法钻到芋螺狭窄的空间里。

此前，媒体报道了某些地方的寄居蟹只能背着各种瓶盖生活，有些公益机构因而发起“寄居蟹安心成家”等公益项目，呼吁公众捐赠贝壳，送回海岸，唤起潮间带生态保育的意识。作为一个潮间带湿地保育工作者以及贝类研究的学者，我认同这个活动的本意很好，推动公众参与，让寄居蟹不要背着各种垃圾瓶盖为家，但整个活动缺乏更充分的评估和考量，治标不治本。其实关于寄居蟹背各种垃圾瓶盖以及相关的保育问题，涉及很多人为的因素和生态学知识，需要全面的分析并找到根源，问题才能真正得以解决。

为此，我针对寄居蟹保育提了几点建议：

1.生物的保育最重要的还是保护和恢复生态环境。生态环境得到保护，贝类和寄居蟹也自然得到保护和恢复，每个寄居蟹就都能背上一个漂亮的螺壳，并且达到新的平衡。

2.降低人为干扰。这些人为干扰包括限制游客的数量，处理好居民生活垃圾、游客消费垃圾和海漂垃圾等。诚然，游客捡拾贝壳也是一种人为干扰，但换个角度而言，呼吁民众捐赠和邮寄贝壳并扔到潮间带，难道不是一种人为干扰？只是一个向左，一个向右的问题。

3.提高公众意识，推动公众参与。自然保育的基础是认知，而推动认知很重要的一点是给予公众正确的理念及引导。全面考虑、充分论证、辩证评估，才是妥善的行径。

看，一只寄居蟹

星虫：傻傻分不清楚

物种小档案

中 文 名：弓形革囊星虫

拉 丁 名：*Phascolosoma arcuatum*

科　　名：革囊星虫科 Phascolosomatidae

属　　名：革囊星虫属 *Phascolosoma*

别　　名：可口革囊星虫、泥丁、海丁、泥蒜

分布区域：多栖息在高潮带和潮上带盐碱性草类丛生的泥沙中，也常分布于高潮带红树林根系周围。

在福建省沿海尤其是闽南地区，有一种著名的小吃——土笋冻。字面理解应该是用“土”里的“笋”做成的“冻”，然而，这个“笋”并不是竹笋，而是可口革囊星虫（*Phascolosoma arcuatum*），虽然已更名为弓形革囊星虫，但我更喜欢前者。土笋冻鲜甜美味，是我小时候早餐佐餐的必备菜肴。想当初科学家在给这个物种命名时，一定也是先尝了尝味道，特别可口，故取名为可口革囊星虫，极其形象且富有画面感。

若有外地朋友来厦门，通常我都会邀请他们品尝土笋冻。大约40%的人看过后流露出惊恐的表情；大约30%的人犹豫许久后拒绝食用；只有不到30%的人愿意尝试。许多人不敢吃土笋冻是因为冻块里的可口革囊星虫看起来像蠕虫，视觉冲击力太强。其实，它们完全是天差地别的两类物种，可口革囊星虫隶属于星虫动物门，而蠕虫、虫子则是节肢动物门。

看，我拿了一条裸体方格星虫

红树林土壤中刚挖出来的可口革囊星虫

有一次，一个广东的朋友一边吃着土笋冻一边问："这个是不是我们广东的那种沙虫做的？"其实，虽然它们都隶属于星虫动物门，但完全是两个种。人们俗称的沙虫（或海肠子）指的是裸体方格星虫（*Sipunculus nudus*），主要分布于沙质滩涂中，体长15厘米以上，甚至可达25厘米，售价较贵；而可口革囊星虫俗称土笋、泥丁，主要分布于淤泥质或泥沙质滩涂中，在红树林根系周围更密集，体长通常在10厘米以内，不超过15厘米，售价比较便宜。简单来说，裸体方格星虫是星虫中的富家子弟，而可口革囊星虫则是星虫中的落魄平民。

物种	俗称	体长	生境	颜值	售价
可口革囊星虫	土笋、泥丁	10～15厘米	淤泥质或泥沙质	又黑又丑	便宜
裸体方格星虫	沙虫、海肠子	15～25厘米	沙质滩涂	又白又美	较贵

星虫在生态系统中具有重要的作用。它们的主要食物是有机碎屑，因此是非常重要的分解者。可口革囊星虫在红树植物根系周围密集分布，通过掘穴改善根系周围的土壤通气，排遗物也成为养分，有助于红树植物的生长；同样的，裸体方格星虫也是钻沙高手，它们在沙滩中掘穴生活，深度通常可达30厘米，这就改善了沙滩的通气条件和理化环境。此外，星虫是水鸟等动物的食物。当然，将它们作为美味的不仅是鸟类，还有人类。

扫一扫，看视频
——挖掘裸体方格星虫

人类在星虫美食的研发上花样百出。土笋冻是以去除内脏后的可口革囊星虫熬煮出胶质后冷却凝结而成，此外，可口革囊星虫还被用于煲汤及炒菜。裸体方格星虫的做法更多，除了煲汤、炒韭黄，还可以做刺身生食，也是拌越南米粉的绝佳配料。

由于需求旺盛，星虫在国内被过度采集食用，有时还不得不从周边的东南亚国家进口来补充，同时也对生态造成了一定的影响。比如在红树林区采集可口革囊星虫，渔民需要用锄头挖土寻找，而根系周围常会有集中分布，这就导致许多红树植物的根系在采集过程中被损伤，影响红

星虫是水鸟的美食

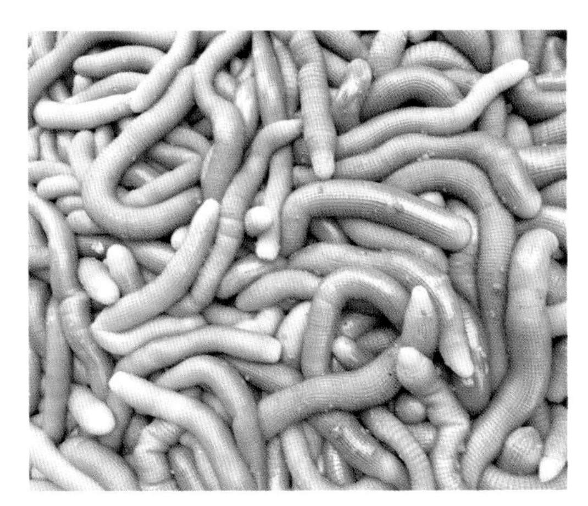

刚从沙滩里挖出来并清洗干净的裸体方格星虫

树植物的生长，甚至导致其死亡。

在广西的北海，优良的水质和大面积的沙质滩涂是裸体方格星虫的天堂。裸体方格星虫通常钻洞较深，有经验的渔民通过辨别沙滩上遗留的洞口，用工具快速挖掘，深度至少30厘米，颇费体力才可能有收获，稍有迟疑，裸体方格星虫便逃之夭夭。为了获取美味，一些不法分子开始使用高压水枪来采集裸体方格星虫。高压水枪带来巨大的冲刷力，将一片片沙滩翻个底朝天，底栖的各种动物都被翻出来，包括各种贝类、螃蟹，也包括裸体方格星虫。高压水枪是一种恐怖的采集方式，被瞬间水流翻出来的动物基本已经丧失了活力，多数只剩残肢。人们只捡拾有经济价值的物种，其他的都成了陪葬品。很显然，与传统的采集方式相比，使用高压水枪是一种不可持续的方法，对沙滩生态系统是毁灭性的破坏，这种行为已经被当地渔政部门明令禁用。

在北海，裸体方格星虫是重要的经济海产，不少村民通过传统的人力挖掘方式进行采集，获取额外的收入补贴家用

许氏齿弹涂鱼：长着獠牙的跳跳鱼

物种小档案

中 文 名：许氏齿弹涂鱼

拉 丁 名：*Periophthalmodon schlosseri*

科　　名：虾虎鱼科 Gobiidae

属　　名：齿弹涂鱼属 *Periophthalmodon*

别　　名：巨人弹涂鱼

分布区域：分布于河口红树林区淤泥质滩涂和潮沟中。

我们常说的弹涂鱼通常指弹涂鱼属（*Periophthalmus*）、大弹涂鱼属（*Boleophthalmus*）、齿弹涂鱼属（*Periophthalmodon*）和青弹涂鱼属（*Scartelaos*）4个属种类的统称。全世界的弹涂鱼至少有32种，其中弹涂鱼属19种，大弹涂鱼属6种，齿弹涂鱼属3种，青弹涂鱼属4种。

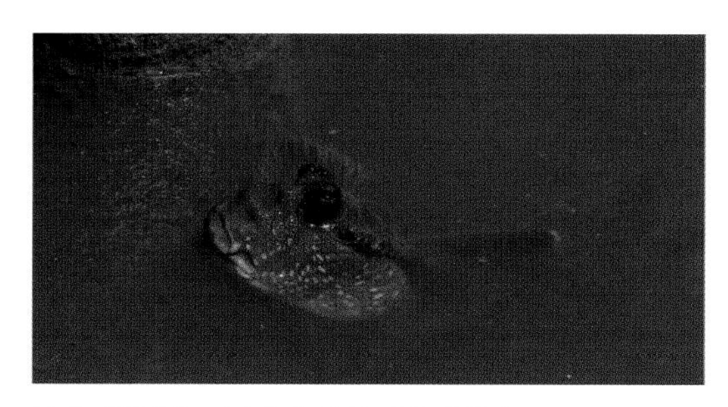

长着“塌鼻”“犬齿”的许氏齿弹涂鱼

“能离水、会爬树、善跳跃、凸眼球、可爱……”这些通常是人们印象中弹涂鱼的特点。的确，不同的弹涂鱼都全部或部分具有上述特质。但是还有一类弹涂鱼却有更多令人印象深刻的特质，如“塌鼻”“犬齿”“巨大”。如许氏齿弹涂鱼（*Periophthalmodon schlosseri*），英文名Giant Mudskipper。

齿弹涂鱼属的属名*Periophthalmodon*是一个组合词，由弹涂鱼属的属名*Periophthalmus*和odous组成，odous在希腊语里指的是牙齿。齿弹涂鱼属的种类主要分布在东南亚的红树林区，在中国没有分布。

我前些年在泰国的红树林潮沟中乘船考察，突然看到一只动物从船边飞快划过水面，激起“巨浪”，向导说那是弹涂鱼，我当时有些不敢相信，弹涂鱼怎么可能这么大！遗憾的是当时它一闪而过，我无法近距离仔细观察。

扫一扫，看视频
——许氏齿弹涂鱼

我心想，这要是在中国，它早被端上餐桌了。不过，它确实是马来半岛一些原住民的传统食材，但大部分马来人并不吃它。

许氏齿弹涂鱼的最长纪录是长达240毫米，但野外观察发现，它应该还能

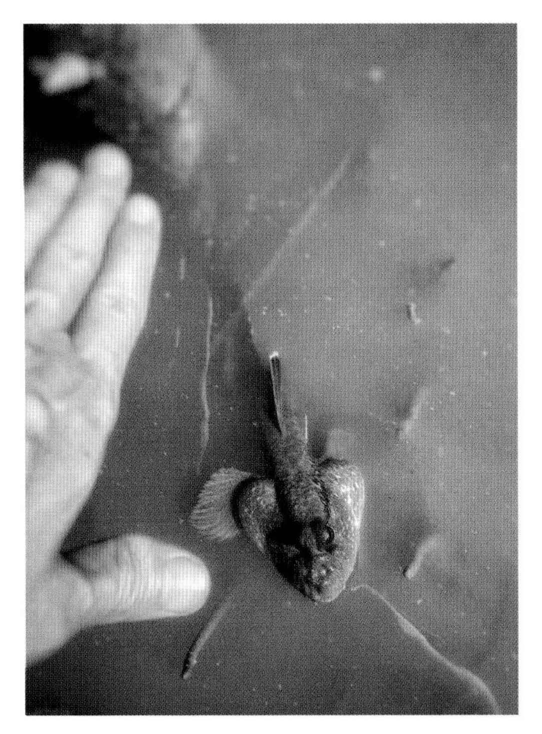

体型巨大的许氏齿弹涂鱼，正鼓起腮帮子发出警告

长得更长更大，如我在泰国看到的那只，应该有300毫米长。如果仅按文献讨论，许氏齿弹涂鱼还不是弹涂鱼界的“第一巨鱼”，分布于非洲红树林区的大西洋弹涂鱼(*Periophthalmus barbarus*)的最长纪录是250毫米。

如果有机会去非洲的红树林，我一定去找大西洋弹涂鱼，看看它是否是弹涂鱼界的“姚明”，也好与许氏齿弹涂鱼一较高下。但在未见到大西洋弹涂鱼之前，我还是认为许氏齿弹涂鱼是此界的第一巨无霸，更何况野外观察发现文献里的最大纪录还有很大的增长空间。

2017年年初，我在马来西亚的雪兰莪州考察当地的红树林，有幸近距离观察许氏齿弹涂鱼。许氏齿弹涂鱼的嘴里密布细齿，但事实上，名字中的“齿”并不是指嘴里细密的牙齿，而指的是位于鱼嘴两侧不张嘴也外露的“牙齿”，位置和形状类似“犬齿”，是一个明显的特征；另一个有趣的特征是“塌鼻”，一开始，我还以为那是它的嘴，后来发现被骗了，它真正的嘴在“塌鼻”的下方；还有一个特征便是“巨大”。

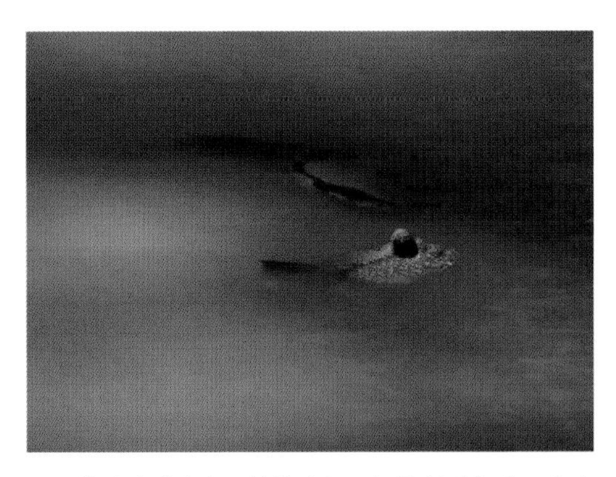

一只许氏齿弹涂鱼正悄悄渡河。如果遇到危险，它会迅速窜过水面激起“巨浪”

许氏齿弹涂鱼眼睛下方的结构看起来像噘起的嘴，其实这是它的塌鼻，真正的嘴则位于塌鼻的下方

许氏齿弹涂鱼不挖洞，但挖坑，而且坑体巨大。由于身体长，许氏齿弹涂鱼挖的坑也大，但不深。根据体形的增长坑会逐渐越挖越大，长度或直径可达30厘米以上，通常近圆形或椭圆形，也有独树一帜的家伙，挖出一个正方形的坑，仿佛私家游泳池。

近圆形的大坑是许氏齿弹涂鱼的私家游泳池，具有躲藏、储水、保湿等作用

许氏齿弹涂鱼的坑如同其他弹涂鱼挖的洞，具有躲藏、储水、保湿等作用。但坑挖得越大、越好、越奇怪，这是否有助于求偶还不得而知，需要更细致的观察与研究。

许氏齿弹涂鱼将闯入泥坑的入侵者赶出泥坑

许氏齿弹涂鱼的"头部保健操"有助于驱蚊

许氏齿弹涂鱼体形大，估计血也多，所以蚊虫都喜欢靠上去。我在木栈道上趴着观察一只许氏齿弹涂鱼足足15分钟的时间里，发现它不停地"下沉-停顿-上浮-张嘴-露齿-含气-下沉"，平均每隔30～40秒做一轮"头部保健操"，有时蚊虫落在它的眼上，还赠送一个眨眼动作。

众所周知，弹涂鱼主要靠鳃呼吸，离水前会在嘴里含上一口水，再到滩涂上活动，而这口水，仅仅只能维持一小段时间的呼吸。当然，它们还能依靠皮肤辅助呼吸，但皮肤必须保持湿润。因此，弹涂鱼离水的时间不能太长，且离水后嘴里通常会含一口水；有些弹涂鱼活动一段时间后会来个左右侧翻，或者跑到坑里打滚，从而保持身体湿润。而许氏齿弹涂鱼的"头部保健操"似乎更多的作用是为了驱蚊，因为它一直沉浸在水坑里。

地毯海葵：
天生的“葵花点穴手”

物种小档案

中 文 名：地毯海葵
拉 丁 名：*Stichodactyla haddoni*
科　　名：大海葵科 Stichodactylidae
属　　名：大海葵属 *Stichodactyla*
别　　名：汉氏大海葵
分布区域：主要分布在潮间带低潮带至浅海的海草床和珊瑚礁及沙质海底。

在马来西亚的槟城州，有一个人造岛——胳肢窝岛（Gazumbo），岛上分布着大面积的海草床，是马来西亚半岛面积第二大的中途滩海草床的一部分。胳肢窝岛海草床上除了海草，还有一个特产——地毯海葵（*Stichodactyla haddoni*）。从空中看，胳肢窝岛周围的滩涂上密密麻麻分布着许多大型的地毯海葵（据记载地毯海葵可长到1米的直径），像一个个地雷。这让我想起了小时候非常爱看的电影《地雷战》。

马来西亚槟城州退潮后的海草床上，盛开着一朵朵巨大的“花”，远远看去又像埋了一个个地雷，原来这些都是大型的地毯海葵

扫一扫，看视频——寻找贝壳的寄居蟹

海葵是珊瑚的远亲，它们都是腔肠动物，大多营固着生活。但它们也有很多不同点。比如海葵全身柔软、无骨骼，不像珊瑚那样会分泌钙质骨骼；海葵依靠分泌的黏液以及肌肉的作用固着生活，大部分终身不移动，有些分布在礁石区，有些生长在沙滩里，有些埋栖在滩涂中，有些则附着在柳珊瑚上。不过也有些海葵按捺不住寂寞，骨子里就透着“世界那么大，我要去看看”的激情。它们在螃蟹壳或寄居蟹的螺壳上安家，跟着其他动物行走天下。当然，这些海葵跟

螃蟹或寄居蟹是互利共生的关系，螃蟹或寄居蟹带着海葵移动，为它们带来更多的食物，而海葵为螃蟹或寄居蟹赶走一些它们的天敌，是一个私人保镖。

穿着性感的豹纹外衣的线形海葵

一种角海葵，在水中伸展触手，像盛放的花朵

看起来绵软柔弱的海葵，居然还能做螃蟹的保镖，这是因为它们有秘密武器。海葵有许多触须，不同种类触须的数量不一、长短不等。它们依靠触须来捕食，而触须里的刺细胞就是它们的秘密武器，也起到防御的作用。当海葵遇到猎物时，它们会以迅雷不及掩耳之势将海葵毒素通过刺细胞注入猎物体内，使猎物中毒、麻痹甚至瘫痪，再用长长的触须将猎物推到位于中间的口中慢慢享用。海葵的这项技能，与武侠小说里的“葵花点穴手”如出一辙。如果说掌握了“葵花点穴手”这门功夫的人是武林高手，那海葵绝对是武林盟主，因为它有许许多多的“葵花点穴手”。

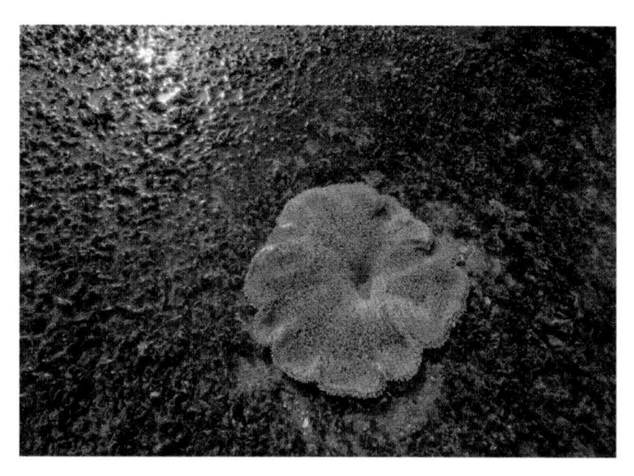

地毯海葵的触须比较粗短，但“小短腿”也有自己的生存策略

地毯海葵的触须比较粗短。它们没有长长的触须，无法像其他海葵一样通过长触须将食物推到口中。那么问题来了，只有“小短腿”的它们如何将猎物吃到口中？答案是：裹。地毯海葵先用触须上的刺细胞将猎物麻痹，然后通过外展呈盘状的身体将猎物包裹，并通过肌肉的运动以及触须的配合，逐渐将其移到口中。

正被推进地毯海葵口中的小螃蟹

被地毯海葵毒素麻痹的小鱼，即将成为盘中餐

扫一扫，看视频
——地毯海葵吃鱼

地毯海葵的口（盘）有各种颜色，有些是深红色，有些是暗黄色，有些则是灰白色，看起来像是涂了不同颜色的“唇膏”，很有质感。

地毯海葵非常爱美，不仅体现在口盘的质地和“唇膏”的颜色上，也体现在全身的颜色上。地毯海葵中有许多共生藻，不同的共生藻呈现出不同的颜色，因而不同个体的颜色也有差异，有黄色的、绿色的、红色的、白色的，琳琅满目。

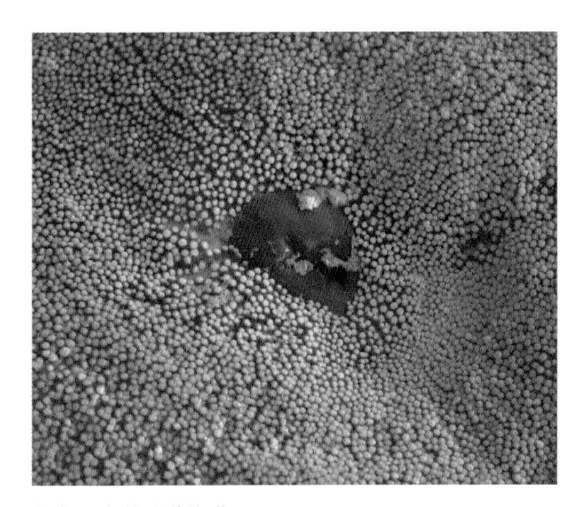

红色口盘的地毯海葵

黄色口盘的地毯海葵

地毯海葵营固着生活，又是粗短触须，因而能伸展的空间有限，捕食猎物基本上靠的是守株待兔。当然，它们日常的营养需求大部分靠共生菌的光合作用来提供。

动物与海葵互利共生的案例，最著名的是小丑鱼。小丑鱼在海葵长而飘逸的触须间穿行，海葵为小丑鱼提供了安全的栖息地，而小丑鱼也会帮海葵赶走那些吃它们的尖嘴鱼，同时，小丑鱼的游动促进了海葵中共生藻的光合作用，增进了水体流动从而增加了氧气，有利于海葵的生长。但是那么多的刺细胞，小丑鱼是如何幸免被害的呢？秘密就在它们身上裹着一层厚厚的含有较高镁离子浓度的黏液。

常见的与小丑鱼共生的海葵大多是长触须型的，像地毯海葵这种"小短腿"是否有鱼类看得上？答案是肯定的。比如泰国的鞍斑双锯鱼（*Amphiprion polymnus*，一种小丑鱼）就看上了地毯海葵，与之共生。

礁石上附着着密密麻麻的海葵

在潮间带，栖息着各种漂亮的海葵。有一次，我在一个岛屿开展潮间带大型底栖动物调查，走着走着，突然发现地上“掉”了一个非常亮眼的东西，鲜艳的红色，丰盈的质感，看起来分明是“烈焰红唇”！

等我走近认真观察，原来这是一只部分收缩的海葵，造型真令人惊艳。事实上，海葵是一类比较危险的动物。它们在舒展状态下会将触须完全伸展，好像开了一朵朵漂亮的花。当遇到外界刺激时，它们便会迅速将触须回缩，此外基盘处的肌肉也快速收缩，变成一个小肉球，同时陆续喷出小水柱。注意，海葵喷出来的水很可能含有海葵毒素，对肉眼有不同程度的刺激，严重时会被灼伤甚至导致失明。因此，观察海葵或逗海葵时，脸不能靠得太近。

当然，相较于海葵喷出来的水，它们的刺细胞是更直接的武器。地毯海葵的触须虽然粗短，但刺细胞一点都不弱。它们的海葵毒素对人体会产生一定程度的刺痛感，应尽量避免与触须接触。

令人惊艳的“烈焰红唇”海葵

生活在沙滩里的海葵，受刺激后将身体里的水分喷出，并缩成一个球